超简单的微积分

〔日〕拓巳（たくみ）

難しい数式はまったくわかりませんが、
微分積分を教えてください!

北京时代华文书局

图书在版编目（CIP）数据

超简单的微积分 / (日) 拓巳著 ; 董真真译 . -- 北京 : 北京时代华文书局 , 2024.4
(2024.8 重印)
ISBN 978-7-5699-5365-7

Ⅰ . ①超… Ⅱ . ①拓… ②董… Ⅲ . ①微积分 Ⅳ . ① O172

中国国家版本馆 CIP 数据核字 (2024) 第 018980 号

Muzukashii Suushiki wa Mattaku Wakarimasen ga BibunSekibun wo Oshiete Kudasai

北京市版权局著作权合同登记号　图字：01-2020-3415

CHAO JIANDAN DE WEIJIFEN

出 版 人：陈　涛
策划编辑：周　磊
责任编辑：周　磊
责任校对：薛　治
装帧设计：程　慧　迟　稳
责任印制：訾　敬

出版发行：北京时代华文书局 http://www.bjsdsj.com.cn
北京市东城区安定门外大街 138 号皇城国际大厦 A 座 8 层
邮编：100011　电话：010-64263661　64261528
印　　刷：三河市嘉科万达彩色印刷有限公司
开　　本：787 mm×1092mm　1/32　成品尺寸：130 mm×185 mm
印　　张：5.5　字　　数：121 千字
版　　次：2024 年 4 月第 1 版　印　　次：2024 年 8 月第 4 次印刷
定　　价：39.80 元

前　言

之前，我曾经在推特上发帖说“人们通过微分描述世界、通过积分解读世界”，没想到这竟然在理工科专业的大学生和教授之间引发了强烈反响。

世界是由微分和积分构成的。因此，从某种意义上讲，学习微积分就意味着主动去了解我们生活的世界。

即使在高等数学的课程中，微积分也占据着重要的地位，是一个充满数学魅力和乐趣的部分。

然而，令人遗憾的是，微积分的理论性非常强，因此也是最容易挫伤学生学习数学积极性的部分之一。

我曾经上过许多关于微积分的课程，也读过一些以微积分为主题的书。

在学习和读书过程中，我一直在思考一个问题：自己是否能够通过更简单、更有趣的形式学懂、弄通微积分呢？

后来，我在YouTube（优兔）上开设了一个频道——“预科学校必学的‘大学数学和物理’”，专门发布面向理工科大学生和高考生的数学、物理相关知识的授课视频。截至2019年4月，我已经发布了超过200个动画视频。在开设频道的一年半时间内，登录的访客人数突破了13万。令人倍感欣慰的是，我的授课视频被多所大学采用，当成教材的参考资料，并且备受好评。

后来，我的视频逐渐吸引了AbemaTV[①]员工的关注。2018年秋，堀江贵文先生向我发出邀请，希望我能与另外三位极具才华的老师一同录制一档名为《龙堀江》的纪实类节目，以数学教师的身份向那些报考东京大学的考生传授经验。

在学习数学的过程中，我也曾经有过灵光闪现的瞬间，突然迸发出数学灵感，领悟到了数学世界与现实世界之间的联系。

在之前的教学生涯中，我也曾经看到过许多同学开悟的瞬间。作为一名教师，我真心为他们感到高兴，那种兴奋之情是难以言表的。

在《龙堀江》节目中，我亲自向堀江贵文先生讲了关于微积分的课程，结果得到了他的赞誉。他说："通过拓巳老师清晰、形象的讲解，我终于搞懂了大学时代怎么也学不好的微积分！"之后，堀江贵文先生似乎找到了学习数学的感觉，无论走到哪里都爱讲一些关于数学的话题（听起来有些夸张，但事实就是如此）。

我在YouTube上授课时，对简明扼要的重要性有了深刻的理解，因此我将每个视频的时长都控制在10分钟左右。

当然，这并不意味着我只用短时间就能讲完大学教授的微积分课程的全部内容。但是，如果能够精心选择授课主题，最大限度地发挥学生的主观能动性，在最短的时间内抓住并阐明本质，

① AbemaTV是一家日本互联网媒体服务公司，运营着日本领先的流媒体平台，提供许多频道和相关节目，包括广播电台的流媒体服务、AbemaTV的母公司开发的影视剧等。

大家就可以只用短短的一小时弄明白微积分的基本原理。实际上，本书就是面向不擅长数学的成年人的“一小时微积分”课程的教材。

我想在读完本书后，广大读者肯定会有一种“之前从没有听过类似课程”的感觉。

如果本书能够激发读者的数学灵感，将大家带入数学的神圣殿堂，就是对我最大的肯定与褒奖！

拓巳

出场人物介绍

拓巴

一位最近蹿红的“网红”数学教师，因在YouTube上发布教育类视频而备受关注，广受大学生和高考生好评。大家普遍认为“拓巴老师讲授的课程生动有趣，通俗易懂”。

惠理

一位20多岁的职业女性，在制造业企业从事销售工作，属于大家眼中典型的文科生。在学生时代，她的数学成绩并不理想，只要看见数学公式和运算符号，就感到头痛不已。由于一个偶然的机会，她与拓巴老师相识，并跟着他学习微积分。

目 录

第一部分 课前准备

第二部分 一小时揭开微积分神秘面纱的四个阶段

第三部分 所谓“微分”是指什么？

第四部分 所谓“积分”是指什么？

课前准备

实际上，小学生也能学会微积分？！

一小时速成微积分

在正式讲微积分之前，我想先了解一下惠理是怎么看待微积分的。

对我来说，微积分简直太难了！我感觉微积分里都是一些晦涩难懂的符号、烦琐复杂的公式以及不知所云的曲线。我感觉高中数学就挺难的了，但是在微积分面前根本不算什么。直到现在，一提到微积分，我还感到如芒在背。

确实，许多人认为“微积分是高中数学中最难的部分，如果不能彻底理解和运用之前数学教材中学过的内容，在面对微积分时，就会感到束手无策”。

您说得太对了……我也是这么认为的……

但是，实际情况并非如此。**就算你无法完成复杂的计算，同样可以在一个小时以内，理解、掌握微积分的本质。**

由于微积分非常有趣，充分体现了数学的独特魅力，因此，在理解微积分的过程中，你可以进一步深化对数学本质的认识，从而锻炼自己的“数学思维”。

原来微积分是这么有用的知识啊？！但是，说起来非常不好意思，我的数学基础实在太差了，可能还达不到中学生的水平……

根本不需要复杂的计算

这也**完全没有问题。只要你能理解加减乘除(四则运算)这些基本的运算方法就可以了。无论是小学生还是中学生都能轻松学会微积分。**我想惠理做四则运算应该没问题吧?

那当然没问题了……（尴尬）只不过，我还是不大相信您的话。虽然现在印象已经很模糊了，但是从我大学时代学习微分和积分课程的亲身经历来看，“连小学生都能学会微积分”这种话，实在令人难以置信啊……

惠理，你是在怀疑我所讲的话吗？

老师，您言重了！我谈不上怀疑您讲的话！但是，所谓小学生也能学会微积分、一小时就能搞懂微积分之类的话，不管您怎么说，对像我这样的文科生而言，根本就是天方夜谭，太难想象了。

对我而言，这就像“插上翅膀遨游天际”一样，根本就是实现不了的幻想。因此，如果真的能像您说的那样，我觉得只有一种解释，那就是您在施展魔法！

惠理，你知道我还有一个名字吗？

什么？您竟然还有一个名字？！

是啊！那就是数学魔法师！

啊？！

通过这次授课，我要向惠理施展一个魔法，帮你“一小时学会微积分”。

学习数学 90% 要靠“想象”

数学与物理融为一体的数学课程

那些被数学打击学习积极性的人，在学习数学时，大多会陷入形而上学的陷阱，总是容易死记硬背数学公式，单纯地就公式言公式。

您说得太对了，我就是这样，整天死记硬背公式，耗费了许多精力，却一再败下阵来……

作为主播，我开设了一个专门教数学知识的YouTube账号。但是实际上，我的专业并不是数学，在读大学和研究生时，我的专业是物理学。

值得庆幸的是，许多看过我讲授的课程的人都对课程给予高度评价，纷纷留言说我讲授的数学课形象生动、通俗易懂。我想，我之所以能取得这些成绩，是因为**我在数学课中引入了物理的视角。**

哦，原来如此……但是，我还是不大明白。为什么引入了“物理的视角”之后，数学课一下子就变得简单易懂了呢？

一旦设想出“具象”，数学就不难了

简单来说，物理是从自然界的现象中抽象总结出某些规律的学科。也就是说，我的数学课解决的不仅仅是如何讲好数学的问题，**还通过物理的视角，让数学与现实世界紧密结合，从而帮助大家更直观、更形象地理解晦涩难懂的数学公式。**因此，这种授课方式自然给人一种生动形象、通俗易懂的印象。

这么一说，我突然有点儿开窍了，似乎明白您要表达的意思了！

但是，这并不是什么创新的理论。实际上，“紧密联系现实世界学习数学”，是大家习以为常的方法，每个人平时都在不自觉地运用这种方法。

是吗？我怎么没感觉到？

比如在小学数学课上，学生最先接触“1+1=2”的加法运算时，老师都是用水果或者皮球之类的教具代替数字进行教学的。

是的，确实如此！

如果老师不用水果或皮球之类的教具，光是干巴巴地教“1+1=2”的数学公式，是很难对一年级的小学生讲明白的。这样的话，恐怕绝大多数孩子都理解不了“1+1=2”。可以说，从数学公式本身来理解数学公式，是一种门槛极高的行为，其难度非常大。

此外，在从小学到中学再到大学的过程中，课本中的数学公式难度是逐渐增加的，越往后学，数学公式的“抽象度”越高。因此越来越多的学生逐渐陷入了死记硬背“数学公式”的陷阱。这就直接导致大批学生学不好数学，只好抱怨“数学太难学了”。

是的，您说得太对了！

因此，我认为只要紧密联系现实世界，想象运用数学公式解决具体的问题，就可以理解90%的数学难题了。

经常在生活中遇见的微积分

通过想象理解微积分

如果用直观形象的语言来描述微积分的作用，可以简单归纳为：**微分的作用是运用显微镜观察灰尘之类肉眼很难发现的微小物体；积分的作用是将灰尘之类的微小物体累积起来直至肉眼可见为止,也就是所谓“聚沙成塔”。**

听您这么一说，我怎么感觉微积分那么简单呢？这真的出乎我的意料。

毫不夸张地说，这就是微积分的本质。在下文中，我会通过公式进行详细说明，你姑且先记住这个概念，有个印象。

好的，明白了！

微分的作用是……

运用显微镜观察灰尘之类肉眼很难发现的微小物体。

积分的作用是……

将灰尘之类的微小物体累积起来直至肉眼可见为止，也就是所谓“聚沙成塔”。

通过微积分可以推导出本垒打的飞行距离

惠理，你知道吗？实际上，微积分与我们的日常生活密不可分，大家经常会遇到可以应用微积分的生活场景。

说起来真惭愧，我怎么从来没注意到呢？（尴尬）

既然如此，我们就从了解微积分与日常生活结合得多么紧密开始说起吧！这样才能帮助你加深印象，更加形象地理解微积分的概念。

为什么我从来没有感觉到日常生活中会用到微积分呢？

那是当然的，微积分怎么会自动出现在我们的眼前呢？

您就别卖关子了，直接说说我们什么时候会用到微积分吧。

惠理，你看过职业棒球比赛吗？

我当然看过了。

比如在东京巨蛋体育馆举行的棒球比赛中，击球手打出“特大号”本垒打，球一直飞到外场击中了广告牌。你看到过类似的场景吗?

是的！这种本垒打特别精彩，经常会点燃全场的氛围！

你注意到了吗？当球击中广告牌时，估测的飞行距离会在瞬间被播报出来。

确实如此！我也感到不可思议，不知道这一距离是怎么估测出来的。

实际上，估测这一距离就需要用到微积分了。我们可以事先知道球本身的质量和承受的重力，只要再明确球的速度和方向，就可以通过微积分预测出球被击中后的变化趋势。然后，我们就可以把结果计算出来了。这就是你平时看到的估测的飞行距离。

哦？居然还有这种操作，真是令我大开眼界。

学会了微积分，就了解了整个世界的运动规律①

物体都是按照运动方程运动的

不仅仅是棒球，世界上所有物体都是按照“运动方程”这一公式运动的。

运动方程是什么？

在数学领域，运动方程也是一种“微分方程”。

惠理，你一定听说过艾萨克·牛顿这个名字吧？

听过！我当然听过了！我知道，有本杂志就是以他的名字命名的，他的大名如雷贯耳。

是的。运动方程就是艾萨克·牛顿提出的表示物体运动定律的公式。

顺便提一下，这个公式可以表示为：$F=m\frac{\mathrm{d}v}{\mathrm{d}t}$。

啊？这都是一些字母，这难道就是所谓的数学公式吗？

是的。这是一个简短并且简单的数学公式。通过这个公式，我们可以预测宇宙中的天体以及我们身边所有物体的运动轨迹。可以毫不夸张地说，这是具有里程碑意义的重大发现。

关于这一公式，我想补充一下，F 代表力（Force）、m 代表质量（mass）、v 代表速度（velocity）、t 代表时（time）。

d 是 difference 的首字母，表示“变量”。

由于下文中还会提到d，我到时再做详细说明！

我明白了！非常感谢！

宇宙科研项目中也会用到微积分

顺便提一下，堀江贵文先生参与的宇宙科研项目也充分运用了“运动方程”。实际上，在推导实用数据的过程中，需要用到下述公式。

$$v = -w\int\frac{1}{m}\mathrm{d}m$$

这太难了！对于我而言，这简直就是天书，我就是想破头也搞不明白啊……（哭）

惠理，没关系的，不用着急！（笑）无论是这个数学公式，还是运动方程，只不过是我用来介绍微积分的例子，你看不懂是很正常的，根本不用担心。

通过这个数学公式，我们可以推导出齐奥尔科夫斯基公式[①]这一火箭工程学领域无人不知的著名公式。

真没想到这么著名的公式，也会用到微积分啊！

在发射火箭时，大量烟雾会被排放出来。发射后，火箭也要依靠喷射高压气体以及助推器分离等方式继续前进。

---

① 齐奥尔科夫斯基公式是科学家齐奥尔科夫斯基于1903年提出的航空学公式，用来在不考虑空气动力和地球引力的理想情况下计算火箭发动机工作期间获得的速度增量，即$v=\omega\ln(m_o/m_k)$。公式中的v为速度增量，ω为喷流相对火箭的速度，m_o和m_k分别为发动机工作开始时和结束时的火箭质量。

在这种情况下，人们需要运用上文提到的公式，计算出质量与速度之间的关系。这里面就包含了微分和积分的思想。

呀，真是太厉害了！

这么看来，探月工程和发射人造卫星都离不开微积分吧？

是的！可以毫不夸张地说，“世界是由微积分驱动的”！

真是太奇妙了！我下定决心，从现在开始一定要学会微积分这种厉害的计算方法！

课前准备
5

学会了微积分，就了解了整个世界的运动规律②

可以精准预测彗星到访地球的时间

你知道当时的社会是怎样评价发现运动方程的牛顿的吗?

我觉得肯定是一片赞美之声，比如称赞“牛顿，你真伟大！你就是我们心目中的英雄”等。

很不幸，事实恰恰相反……（哭）

请认真思考一下。

在牛顿提出运动方程之前，人们从来没听说过运动方程之类的东西，突然之间就被告知“物体的运动全部可以用这个公式来表示”，无论是谁都会怀疑：物体的运动怎么可能这么简单呢？因此，在最开始发表这个公式的时候，牛顿几乎没有得到任何的支持和认可。

在这种状况下，有一位天文学家逐渐接受了运动方程，并下定决心通过实践证明牛顿的理论。

呀，这个人才是真正的英雄！

但是，他应该如何证明呢？这一点至关重要。

我想他当时可能是抱着无论如何都要震惊世人的决心去实践的。

确实像你说的那样。

最终他使用运动方程研究了“彗星”的轨道。

这位天文学家本来就对宇宙非常感兴趣，一直从事彗星研究，可能就是出于这个原因，他才选择用“彗星的运动”来证明牛顿提出的运动方程的正确性。

那么，牛顿提出的运动方程真能预测彗星的轨道吗？

当然了！只不过令人遗憾的是，在那颗彗星到访地球之前，牛顿就去世了。

通过运动方程预测彗星到访地球年份的那位天文学家也没有等到那一天。

怎么会这样呢？这真是一个令人伤心、遗憾的故事。

后来，随着岁月流逝，那一天终于到来了。

是吗？彗星最终真的出现了吗？

是的，真的出现了！那颗彗星完全按照那位天文学家预测的年份出现了。

无论是牛顿，还是那位天文学家，如果当时还在世的话，肯定会非常兴奋！

我觉得肯定会的！

顺便问一下，我之前没对你提过那位天文学家的名字吧？

提过吗？没有吧。他究竟是谁啊？

让世界真正认识微分的契机

现在，我来揭晓谜底！

那位著名的天文学家就是埃德蒙·哈雷。

哈雷？是那个哈雷彗星的“哈雷”吗？

没错！

因此，可以说哈雷彗星是一颗具有标志性意义的彗星，它让人们历史性地认识到微积分的重要作用。

我真没想到，在预测连我都知道的哈雷彗星到访地球的时间上，竟然也用到了微积分！

别着急，这些还不算“劲爆”，远不到值得惊讶的地步！

这个故事还有后续。

怎么回事？这还有后续呢？

哈雷彗星到访地球的那天是12月25日。

果然！

哈雷彗星在圣诞节那天如期而至，真是一段带有浪漫色彩的佳话！

不对，你没有明白真正的亮点。

确实，12月25日是圣诞节没错，但是这一天也是牛顿的生日[①]！

哎呀！

哈雷彗星到访地球的日期恰好是提出运动方程的人的生日！这真是冥冥中自有定数啊！顺便问一下，哈雷彗星下一次到访地球的日期已经确定了吗？

是的，已经确定了，据估计是2061年7月28日。

那是大约40年之后啊！

这样看来，我们很可能还能见证那一刻啊！

① 关于牛顿的生日，有两种说法：一种是牛顿出生于1643年1月4日，另一种是牛顿出生于1642年12月25日。这是由于当时意大利和英国使用的历法不一样。最初西欧使用的历法是儒略历，这是公元元年前后制定的一种历法，儒略是凯撒的名字。到了1640年前后，儒略历已经跟天文观测的结果差得比较多了，因此当时的教皇格里高利组织了一批天文学家重新制定了一种历法——格里高利历，也就是我们通常所说的公历。格里高利历和儒略历差了十天左右，当时的意大利受罗马教廷控制，因此采用新历。英国的教会不受罗马教廷控制，英国依然使用儒略历。因此，按照格里高利历，牛顿出生于1643年1月4日；按照儒略历，牛顿出生于1642年12月25日。

数学备受管理者青睐的理由

数学中蕴含着美

通过之前的对话，你对微积分的态度是不是稍有改变呢？是不是萌生了学习微积分的兴趣呢？

是的！当听到微积分在预测哈雷彗星到访地球的时间方面发挥了如此大的作用后，我萌生了一些学习微积分的欲望和兴趣。

太好了！像惠理这样，长大以后，才发现数学的乐趣，并开始补习相关知识的人并不少见。数学本身有一种魔力，你学得越深入，就越会沉浸在学习数学的乐趣中，体会到前所未有的快乐。

现在，正在和我学习数学的堀江贵文先生也是如此。每当听完求解方法后，他的脸上都会浮现出如痴如醉的表情，还经常自言自语："啊……真是太美了！"

数学中竟然蕴含着美？！这应该如何理解呢？

这是一个关于数学本质的话题。难道你不觉得在数学当中，无论是解题方法还是使用的符号，都是简明扼要、清晰明了的吗？数学根本就没有一点儿累赘的套路。

比如刚才介绍过的运动方程，就是最好的例证。

只要运用 $F=m\dfrac{\mathrm{d}v}{\mathrm{d}t}$ 这一公式，我们就可以预测物体会怎样运动。这难道不美妙、不神奇吗？

确实如此！

学习数学可以锻炼人们的思维

数学可以让我们简化思维过程，在最短的时间内，找到最简捷的路径，推导出正确的结果。

当然，我说的是我自己的看法，不一定准确。**一流的管理者往往愿意在数学上花费很多精力。**

还有这回事？

除了堀江贵文先生以外，日本多玩国株式会社[①]的创始人川上量生先生也醉心于数学学习，据说还聘请了家庭教师专门为他授课。

影响力非常大的企业家埃隆·马斯克也在尽自己所能对外宣讲学习数学和物理的重要意义。

连那么有名的人都在推荐大家学习数学，究其原因，我觉得还是像拓巳老师刚才阐述的那样，学习数学是一种训练，能够帮助大家发现解决问题的最佳路径。我这么想，对不对呢?

我觉得有这方面的原因。如果再深入思考，可能还因为学习数学可以**“锻炼人们的思维”**。

锻炼思维?

或者换个说法，学习数学有助于发现事物共同的“规律”，这么说可能会更为贴切。

本来，正如刚才介绍的运动方程那样，**数学就是从世间**

① 多玩国株式会社是日本著名IT企业，成立于1997年，总部位于东京都中央区银座。

万物的表象中抽象提炼出一般规律的科学。

像堀江贵文先生那样，对数学萌生强烈的兴趣，在学习大量规律、法则后，就可以将个人的创造性思维融入数学的框架内，从而**具备在日常生活中发现与数学规律和本质相关事物的能力**。

原来“学会数学”是指“掌握各种思维方式”啊!

毫不夸张地说，在学会了数学之后，我们就等于戴上了“数学的眼镜”，可以更加清晰地洞察事物的本质。因此，学会了微积分的人能够看到一个旁人无法感受到的充满魅力的世界。

我想冒昧地问一句，在学习了数学之后，您的世界观是否发生了转变呢?

怎么说才好呢？就拿我喜欢的电脑游戏来说吧！最近，我迷上了一款叫作“任天堂全明星大乱斗”（*Super Smash Bros*）[①]的游戏。惠理，你听说过“街头霸王”（*Street*

① “任天堂全明星大乱斗”是一款格斗游戏，角色来自多个任天堂著名游戏系列。

Fighter）[1]系列游戏吧？

那是肌肉发达的格斗强人对战的游戏吗？

是的。与“街头霸王”类似，“任天堂全明星大乱斗”也是一款格斗类游戏。但是，这款游戏有一个特点，那就是根据使用的格斗技能不同，击飞对手的角度也会发生变化。每当看到这些轨迹时，我的脑海中就会浮现出不同的公式，这就是“从数学的角度看问题”吧！

哦？这么神奇，明明是在玩游戏，却有一种求解数学题的感觉，您是这个意思吧？

可以这么说吧！（笑）

如果养成了这种习惯，总是带着数学意识去看待周围的事物，你慢慢就能找到感觉，从而更加直观地体会到数学带来的乐趣！

真希望我能早点儿到达那种境界啊！

---

① “街头霸王”是一款格斗类单机游戏，游戏内主要角色有隆、肯、春丽、盖尔、春日野樱、亚力克斯、维加、豪鬼等。

一小时揭开微积分神秘面纱的四个阶段

第 1 课

通过四个阶段学习微积分

“观察”和“累积”变化

下面，我们就开始说明微分和积分吧！

正如上文所述，在我的微积分课堂上，只需短短一小时，你就可以学到在大学要用一年时间才能学完的内容。

虽然只有区区一小时，但是大家却能深刻地领会微积分的本质。

我认为，我讲授的是世界上用时最短并且效果最好的具有“划时代”意义的微积分课程。

欸，不管怎样，到目前为止，我还是无法相信拓巳老师说的话……

我怕最终还是会沦落到，用一小时的课堂时间“讲解微积分公式的记忆技巧”，然后要求课下花时间背诵公式的结局。

看来惠理还是不相信我啊……当然，光是将公式背得滚

瓜烂熟，肯定是无法了解微积分的本质的。

就我个人的感觉而言，在考上大学后选择学习数学专业的学生中，大约有一半是在完整记忆公式的基础上，突然就茅塞顿开，自然而然地理解了微积分的相关问题的。

从我的角度来看，只要能解出微积分的习题就已经很厉害了……

我在研究生院读博士时，一直从事物理学的相关研究。因此，我自然看得比本科生更远，也能更加清晰地看到比本科阶段学习的微积分内容更为复杂的世界。

当然，通过区区一小时授课，我根本无法将你带进那个神秘而复杂的世界。但是，我可以为你打开一扇门，将你带到那个世界的“入口”。

话都说到这种程度了，我再也没有理由不相信您了，请您带我进入“一小时微积分”的课堂吧!

感谢你的信任。“一小时微积分”课程主要分四个阶段展开。

“一小时微积分”的四个阶段

阶段 1：学习函数

阶段 2：学习图

阶段 3：学习斜率

阶段 4：学习面积

如果按照函数、图、斜率、面积的顺序学习，无论数学基础多么差的人，都能在最短的时间内走捷径把握微积分的本质。可以说，这四个阶段本身就体现了微积分的整体框架。

听您讲到这里，连我这个“数学白痴”都产生了一种可以轻松学会微积分的感觉……

正如前文说的那样，只要学会了基本的计算方法，就连小学生也能轻松掌握微积分，并运用自如。

新接触的符号只有 2 个

在理解含义之后，符号就不再是无法破解的难题了

惠理，当你刚开始学习微积分时，一遇到之前没见过的符号和术语，你是不是会产生畏难心理？你应该会觉得这都是些什么啊，完全看不懂啊。

是的，确实如此！

在没有任何准备的状态下，突然遇到这么多符号，一时间感到无所适从的人肯定很多。就在刚才，当我介绍含有大量符号的数学公式时，你就已经展现出抗拒的姿态了。

但是，实际上，数学符号并没有那么困难。只要你理解了各个符号代表的意义，它们就没有那么可怕了！

真的吗？我都不敢相信了！

实际上，我们在微积分中新接触到的符号只有2个，分别是lim和∫。

微积分中新出现的 2 个符号：

lim…………limit（极限）

∫…………integral（完整）

哦！光是看符号的外形，我就已经觉得很难了……我好像遭受了当头一棒，学习微积分的信心和欲望一下子就降到了冰点……

不要着急，先听我把话说完，我肯定能帮助惠理找回信心，振奋精神，让惠理“满血复活”！你对这两个符号有什么直观印象和了解吗？

嗯？limit是英语单词吧？好像是“极限”的意思吧？

是的！看起来你对integral这个词没有什么印象，后面我会详细说明。

在这里，我希望你能记住一点，**limit和integral这些符**

号含有“命令”的意思。比如limit是“使某个变量无限接近某个数值”的命令。

确实如此，这就好像交通标志一样。

对，就是那样。

因此，**你根本不必产生畏难情绪，这些符号本身没有什么令人感到害怕的地方，你完全可以将它们看成是亲切的向导和引路人。**这些符号的意义本身非常简单，就连中小学生都可以轻松理解。

这么一来，我感到轻松不少，心里也觉得有底了。

既然这样，我们就要进入正题，开始介绍微积分了！

所谓“函数”是指什么？

所谓“函数”是指什么？

在上文中，我们用直观形象的语言来描述微积分的作用：微分的作用是运用显微镜观察灰尘之类肉眼很难发现的微小事物，积分的作用是将灰尘之类的微小物体累积起来直至肉眼可见为止。

实际上，这种表达方式还不够精确，更为严谨的说法应该是：

- **微分是指“发现杂乱细微的变化”；**
- **积分是指“累积杂乱细微的变化”。**

怎么又出现了“变化”这个新名词？

你听得很认真，确实如此！**发现变化、累积变化，**我们才能更好地了解微积分的本质。请你一定要牢记这一点。

下面，我们就从学习微积分的第一个阶段“学习函数”说起。

那就拜托您了，我洗耳恭听！

简单来说，所谓**“函数”**，就是**“魔法师的魔法箱”**，相当于一种转换装置。

魔法箱？！

别急，下面我会详细介绍。假设在你的面前有一个魔法箱。如果箱子上工工整整地写着一个“f”，这很可能会激起人们的好奇心。

这个有着“f”记号的箱子是个魔法箱，它有一个非常有意思的功能，那就是将数字放进去后，输出的结果是其他数字。

例如：输入1后，输出的结果是3；输入3后，输出的结果是7；输入－2后，输出的结果是－3。

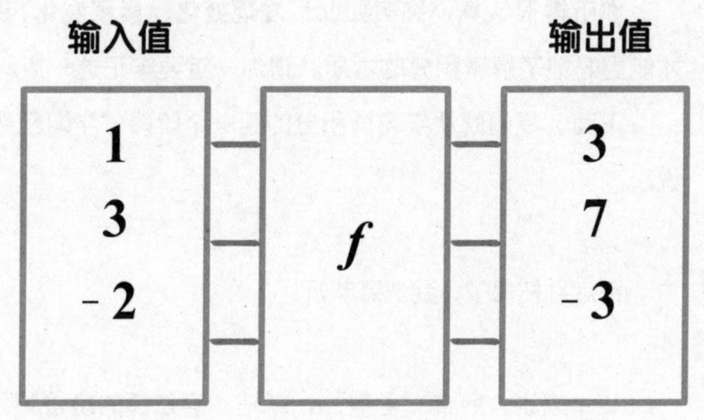

那么，这个神秘的箱子中，到底蕴含着什么规律呢？

如果输入1，输出的结果是3；如果输入3，输出的结果是7，那么我可以假设“f”的功能是将输入的数字加2，照这样推算，最开始输入的1＋2＝3，我明白了！

接着，3＋2＝5……不对！结果不是7啊……这是怎么回事啊？难道规律不是输入值加2？

真是急死人了，我怎么也搞不懂啊。（哭）

你还真是容易灰心啊！不用担心，针对惠理这样的情况，我有一个独门武器，那就是所谓的转换装置——**函数**。

你觉得我为什么会特意将中间的箱子称为“f”呢？

我猜一下，拓巳老师之前的女朋友叫“文乃”，您该不会是为了纪念她而用她名字的首字母①给箱子命名吧?

表示“输入值”和“输出值”的关系

没有那层意思，是你想多了！（哈哈）我之所以将中间的箱子称为“f”是因为在数学中，**“f”代表的是函数(function)。**

我们将“输入值”和“输出值”之间存在的某种对应关系称为函数。

也就是说，函数具有“转换装置”的功能，**微分就是用来研究这种转换装置究竟具有什么特征的。**

确实如此！您这么一说，还真是那么回事。

在了解了函数的真正含义后，我们再来思考一下开头时提出的问题。

如果在“f”的箱子中放入1，得出的结果是3；如果放入3，得出的结果是7。那么，这里面究竟蕴含着什么规律呢?

---

① 在日语中，“文乃”的“文”对应的罗马字是“fumi”，首字母为f。

如果将放入“f”中的数字看成是输入值，将经过“f”得出的数字看成是输出值，则正确的答案是“输入值＝输出值的2倍＋1”。

噢……我已经跟不上您的思维了，脑子里乱得很。(哭)

实际上，你可以将输入值乘以2，然后再加1试试。我们以1为例，你看得出的结果是什么。

好的。1×2＋1＝3，对吗？

答对了。下面，你再拿3作为例子，计算一下看看。

3×2＋1，结果是7！

你看，这不是很简单吗？你已经完全理解了。如果用数学公式的方式来表示这个规律，就是下面这个公式。

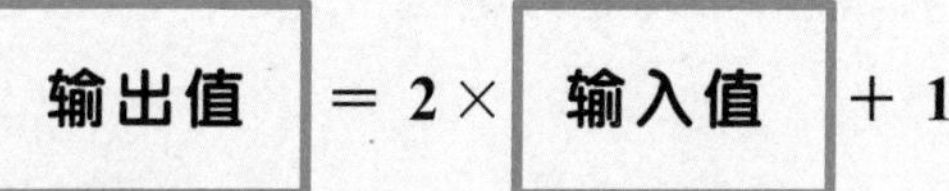

在数学范畴内，结果是写在左侧的

我们能不能将这个公式写成“2×输入值+1=输出值”呢?

这个问题问得很好！在数学范畴内，有一个约定俗成的做法，那就是将结果写在公式的左侧。

这看起来就像是英语的表达方式!

比如先下结论，说明“It is difficult”（这是困难的），然后再用“because...”(因为……）阐明原因。

你这么一说，还真是这么回事。总结起来，就是我们发现在“f”的箱子中有一个“将输入值乘以2，然后再加1”的计算规律。

如果输入的数字是x，输出的结果是y，我们会得到怎样的公式呢?

$y=2\times x+1$。

太棒了！这样看起来就像是数学公式了!

使用字母符号可以使计算变得简单

我们之所以要用 x 和 y 来表示，究其原因，**是因为写成字母符号后,无论代入什么数字,都可以进行运算。**

例如：$x=4$，则 $y=2\times4+1=9$；$x=5$，则 $y=2\times5+1=11$。这样一来，无论 x 是多少，我们都可以轻松计算出 y。

确实如此！这真是太有意思了。

尝试使用“转换装置”进行计算

$f(x)$ 的真正含义

我们提到了在数学范畴内，应该尽量使用字母符号进行运算。在这堂课中，由于放入“f”这一箱子中的是 x，因此我们相应地用字母符号将其表示为$f(x)$，这意味着“在f这一箱子中放入x”。这就是我们在学校经常看到的$f(x)$表示的真正含义。

哎呀，竟然是这样！

那么，我来考你一下，$f(1)$ 等于多少呢？

$f(1)=2\times1+1$，$f(1)$ 等于3。

是的。那 $f(3)$ 呢？

这个难不倒我，$f(3)=2\times3+1$，$f(3)$ 等于7！

完全正确。这与前文中讲的是同一回事，只是表现形式发生了变化。

$$f(1)=3$$
$$f(3)=7$$
$$f(-2)=-3$$

刚才，我们需要特意画一个“魔法箱”来讲清问题。但是，在真正理解后，我们根本不必大费周章，只需要通过 $f(x)$ 这样一个公式就能够轻松搞定，这就是“函数”的意义。

确实如此。

“函数”的名头，听起来令人感到“高大上”，但是实际上只不过是在“魔法箱”中放入数字罢了。因此，这样理解起来非常简单易懂。这就好比用热水泡方便面一样，是极为轻松的。

因此，我们也可以说，微分就是探索“魔法箱”变化的旅行。

不知为什么，听您讲完之后，我感到自己变得轻松一些了！

所谓“图”是指什么？

图的优点

看起来，你已经基本掌握了函数的知识，似乎没有什么问题了！

下面，我们进入下一个阶段，也就是学习“图”！

真奇怪！不知道为什么，我总觉得惠理似乎有些无精打采。

只要一听到“图”这个字，我的头中就嗡嗡作响，恨不得立刻跑到洗手间躲起来……（赶紧逃离）

（毫不理睬）我知道大多数文科生都会像惠理一样，看到图的瞬间就立刻想要逃避！如果是直线的图形还好，一旦遇到抛物线之类的图形，他们就会产生畏难情绪，觉得像天书一样，根本看不懂。实际上，许多人都是因为图形才对数学敬而远之的。

是啊！我就是这样的！看到有那么多人和我一样，我总算感到安慰了！

实际上，图形并没有你想象的那么困难！只要了解了它的本质，你就可以进一步加深对图形的理解。下面，我就解释一下给你听！

那就拜托您了！

只要看一眼图形，瞬间就能做出判断

用一句话概括起来，所谓图形，

表示的就是输入值和输出值之间的关系。

比如我们把1 000日元的纸币（输入值）放入硬币兑换机中， 那么硬币兑换机就会“吐出”10枚100日元的硬币（输出值）。

如果我们放入5 000日元的纸币，那么硬币兑换机就会“吐出”50枚100日元的硬币。图形就是用图的方式来表示这些数字的关系的。

一旦有了图形，人们就可以在不写任何文字的情况下，轻松地判断输入什么内容会得出怎样的结果，这是一个非常明显的优点。

不知道为什么，我总觉得这听起来很“高大上”！

是这样的！下面，我将试着用前文中提到的输入值和输出值之间的关系式，来描述一下图形。

你还记得在“f”的箱子中隐藏着怎样的规律吗？

$2\times x+1$！

回答正确！那么，我们可以使用“f”这个符号，写出一个公式：$f(x)=2x+1$。这就是那个“魔法箱”的本质。

但是，有一点我不是很明白。如果在这个公式中代入x，得到的公式中明明应该是$2\times x$，为什么要写成$2x$呢？

如果写得更明白一点，应该是$2\times x$，但是在数学领域，字母和数字混合的乘法运算中，往往会将乘号省略，$2\times x$就被简记为$2x$。

哦！原来如此，我想起来了！

在描绘 $f(x)=2x+1$ 的图形时，我们先试着画两条线。一条是横线，一条是纵线，如下图[①]所示：

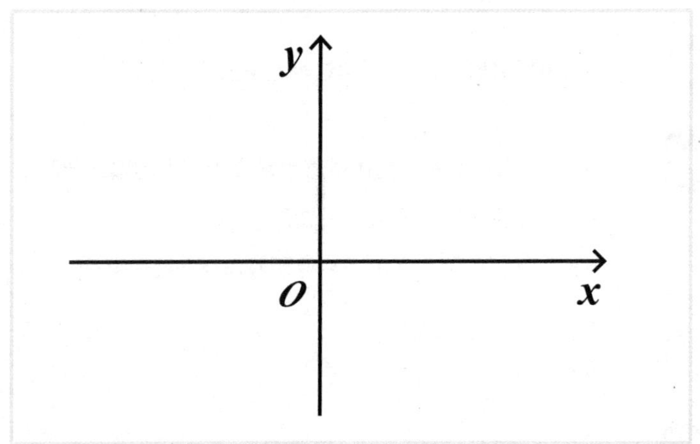

x 轴表示输入值，y 轴表示输出值

为什么要画两条线呢？

这是一个好问题。你先想想，横轴 x 表示什么呢？

① 在本书中，配图均为示意图，虽有不太精准之处，但不影响读者阅读。此为作者有意为之，旨在告诉读者，大家在绘制图示时，应以解决实际问题为目标，抓住图像特征即可。

我想那可能是老师刚才提到的 1 或 −2 等放入箱子“f”中的数值，对吗？

完全正确。这也就是所谓的“输入值”。那么，纵轴 y 又表示什么呢？

如果 y 是计算结果的话，我想应该表示“输出值”。

你又说对了！在将函数转化为图形时，“输入值”和“输出值”是非常重要的。在数学领域，我们习惯于在横轴标注输入值，在纵轴标注输出值。

见微知著，细微之处也有特殊意义

哦！原来横轴和纵轴分别表示“输入值”和“输出值”，因为要在一幅图内同时表示这两项内容，所以才需要画两根线。

确实如此。这样一来，我们就可以彻底解决你关注的细节问题，这一点非常重要。可以说，数学中展现出的细节全都有自己的独特意义。

听老师这么说我就放心了！

好，那就让我们一起努力保持这种状态吧！

让我们一起试着实际画图

用黑点标注输入值和输出值

在 $f(x)=2x+1$ 的方程中输入 $x=1$，会得到 $f(1)=3$，则输出的结果就是3。因此，我们可以在图上进行标注，从横轴上1和纵轴上 3 对应的点引出虚线，并用黑点标注两条虚线的交点，如下图所示。

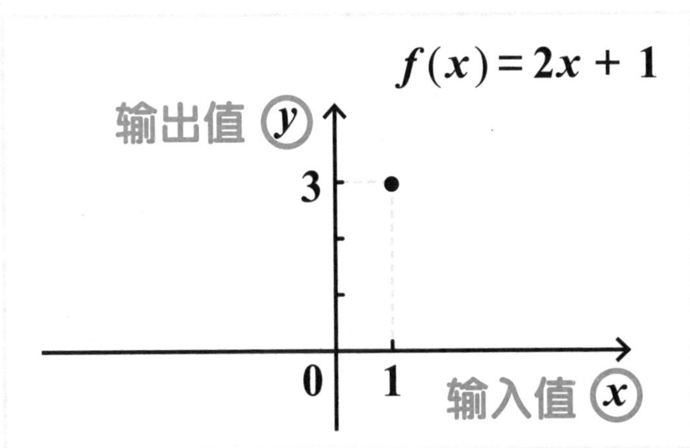

如果在x对应的位置输入-2，结果是多少呢？

我想一下……$2\times(-2)+1$，结果是-3！

完全正确！当$x=-2$时，结果是-3。既然如此，我们可以标注一下“$x=-2$，$y=-3$”对应的点，请看下图。

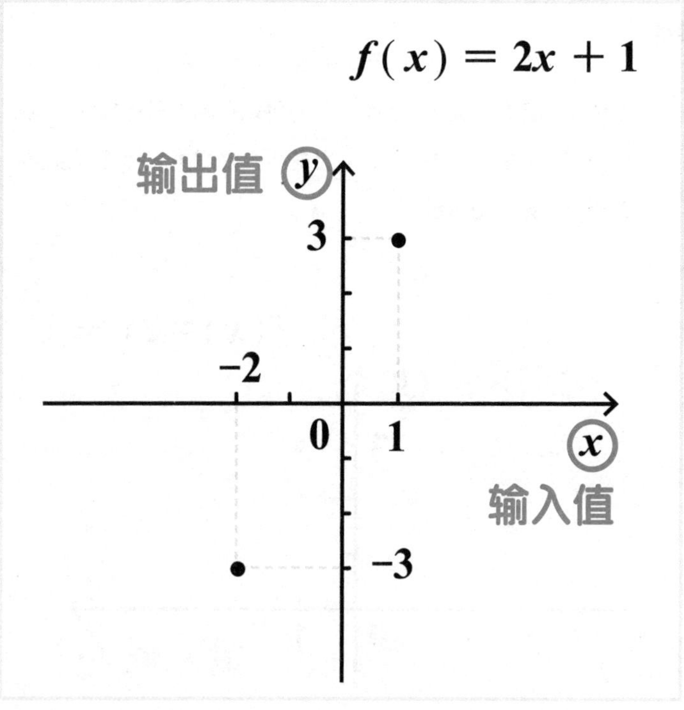

$$f(x)=2x+1$$

输出值 y

3

-2

0 1

x

输入值

-3

下面，我们一起用点表示输入值和输出值！

除了 1 和 -2 之外，还有一些不是整数的数字，比如 0.5等，我们应该怎么标注它们呢？

看来你用心思考了。针对这些小数，我们可以进行计算。在计算出结果后，我们可以把对应的点标注出来。例如：如果 $x=0.5$，则得到的结果就是 2；如果 $x=-1.5$，得到的结果就是 -2。这样一来，图形中就会显示出许多位置不同的黑点。

真是这样啊！

惠理，你想一想，如果将这些黑点都连起来，会变成什么样？请你在笔记本上连一下试试看。

呀，这是一条直线！这是图形！（请参照下一页）

是的，这些点连起来就会变成一条直线。这样用图的形式表示函数，输入什么数字后会得到什么结果就一目了然了。

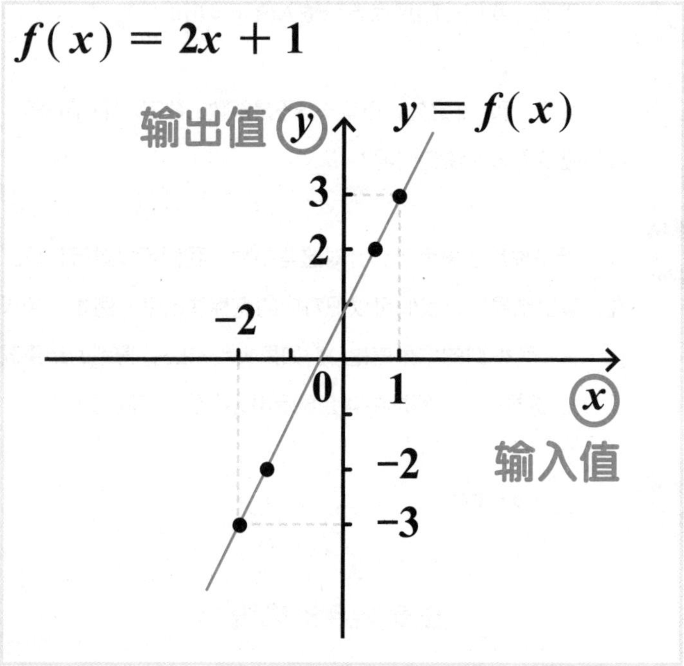

$$f(x) = 2x + 1$$

输出值 y

$y = f(x)$

3
2
−2
0
1
x
输入值
−2
−3

输入的数字越大，输出的结果也就越大。与之相反，输入的数字越小，输出的数字也就越小。**这样一来，就形成了表示输入值与输出值之间关系的图形。**

我明白了！

高中数学中经常会用到的 $f(x)$

那么，这个图形是用来表示什么的呢？

是 $y=2x+1$ 吗？

回答正确！在中学的数学课堂上，老师是这么教的。但是，在高中数学相关的书中，有时会按照以下方式表述：

当 $f(x)=2x+1$ 时，画一个 $y=f(x)$ 的图。

在图形中，纵轴上标注的是 y。因此，与惠理所说的是一致的。但是，通过 $f(x)$ 的方式来表述，有一个非常明显的优点，那就是更容易表示在 x 中输入各种数值后的结果。

唉，我总感觉这很复杂……

没关系，我们一点儿一点儿学，总会弄清楚的！

第7课

让我们试着画抛物线的图形

与投球时的轨迹相同

我这次想试着画一下，当 $f(x)=x^2$ 时，$y=f(x)$ 的图形。惠理，你来说说，当 $x=1$ 时，y 等于几?

y 等于1的平方，也就是等于1。

是的。除此以外，当 $x=-1$ 时，y 就会变成 $(-1)\times(-1)=1$。当 $x=2$ 时，y 就会变成 $2\times2=4$。当 $x=0$ 时，0 的平方等于 0，这就意味着 x 和 y 都是0。如果用黑点在图形中标出这些点，就会得到后页的图形。

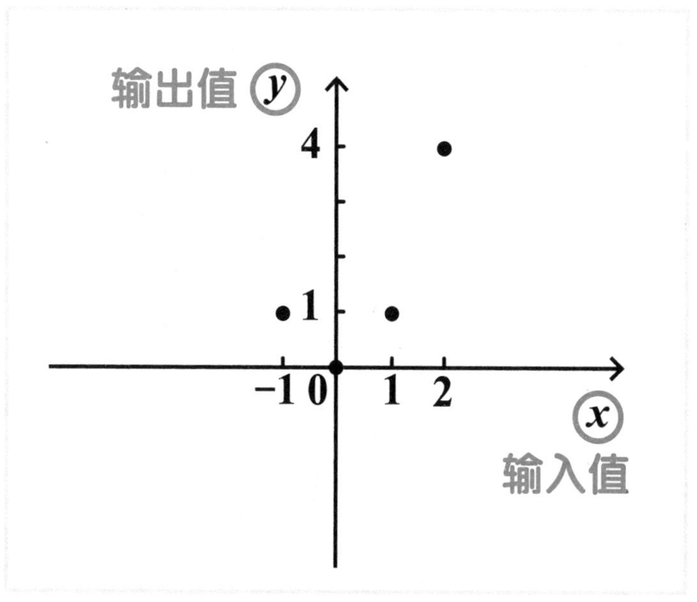

惠理，你试着将这些黑点连起来，看看会得到什么样的图形。

嗯？！我得到了与刚才完全不同的图形（请参考下页）。

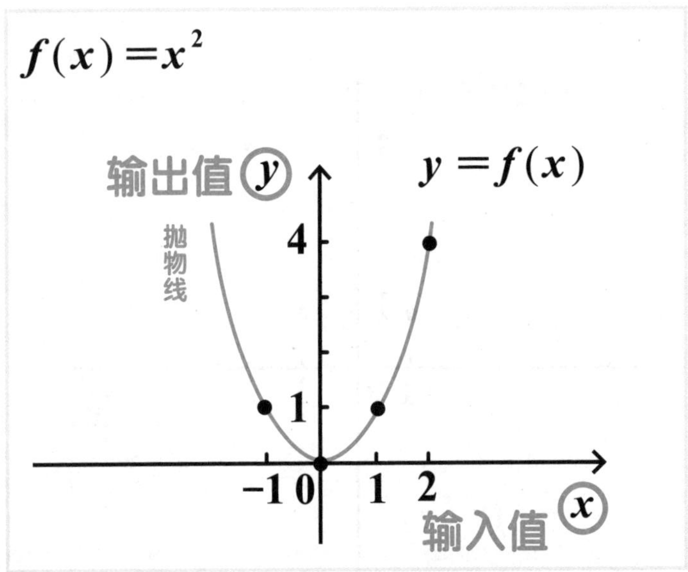

是的。这个图形是一条美丽的曲线。我们将这种曲线称为**抛物线**。你知道当人们投球时，球会沿着弧形的轨迹运动吗？那也是抛物线。正像字面意思所表达的那样，抛物线是指“抛出去的物体经过的路线”。

如果你理解了函数和图形这两大关键要素，我们就完成了知识储备阶段

下面我们来复习一下。你觉得什么是函数？

函数就是数字与数字之间的关系，是一种“转换装置”。

是的，回答正确，这就是“f”箱子的真实身份。所谓“图形”，可以帮助人们在最短的时间内计算出输入值与输出值的结果。函数和图形是人们学习微积分时不可或缺的两大关键要素。学到这个阶段，我们的准备工作就告一段落了。

什么？这样就结束了？

如果按照普通高中的教学要求，在学习微积分之前，你确实需要用两年时间学习相关知识完成知识储备。但是，在我的课程体系中，你只要掌握了函数和图形这两大关键要素，你就已经具备了学习微积分的必备知识，根本不必感到担心。

真是太遗憾了，如果在高中时代就能遇到拓巳老师，我的数学水平也不至于成现在这样……（流泪）

不用担心，你现在遇到我也不算晚！下面，我们抓紧时间，一起来详细地了解微分，共同揭开她的神秘面纱吧！

所谓“斜率”是指什么？

所谓“斜率”是指什么？

下面，我们就要进入微分的世界了。这部分学习内容的第三个阶段就是**“学习斜率”**。实际上，微分就是计算斜率的工具。

计算“斜率”的工具……究竟是指什么呢？

请设想一下，你每天早晨步行从家到工作单位。如果从迈出第一步开始，在适当的时候，你开始用手中的秒表计时。

当秒表的指针指向1秒时，你到达了距离自己家大门2米的地方；当秒表的指针指向5秒时，你到达了离自己家大门6米的地方。那么，你步行的速度是多少呢？顺便提一下，在这种情况下，我们一般认为你是匀速运动的。

哎哟！你问我速度是多少呀！在读小学的时候，我确实学过“速度时间距离”的公式，大概是下面这样的，不知道对不对？

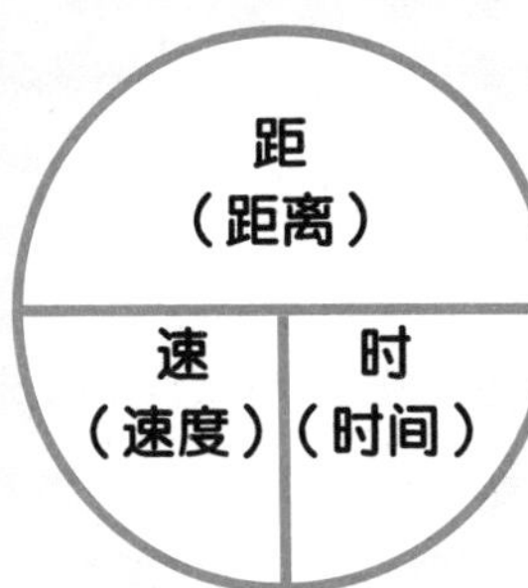

距离 = 速度 × 时间

速度 = 距离 ÷ 时间

时间 = 距离 ÷ 速度

回答正确。“速”代表速度；“时”代表时间；“距”代表距离。

确实，“速度时间距离”是一个简洁易记的公式。但是，这个公式有一个先决条件，那就是“速度是恒定的”，请务必注意这一点。

我明白了！也就是说，在求速度时，我们应该用距离除以时间。距离＝6米－2米＝4米。时间＝5秒－1秒＝4秒。因为速度＝距离÷时间，所以我可以推导出下面的算式：

4（米）÷ 4（秒）＝ 1（米/秒）

答案是1米/秒！

你真的很聪明！一点就透！也就是说，你每秒前进1米。这就意味着惠理的速度是“1米 / 秒”。

我总感觉按照这个速度走的话，我走得实在是太慢了！

惠理真是步步小心啊！每一步都是超级安全的。(笑)

那么，我们可以试着用图形来表示惠理步行的状态，用横轴表示时间，用纵轴表示距离，然后我们标出交点。从图上看，时间为1秒的时候，对应的是2米，时间为5秒的时候，对应的是6米吧？

是这样的！

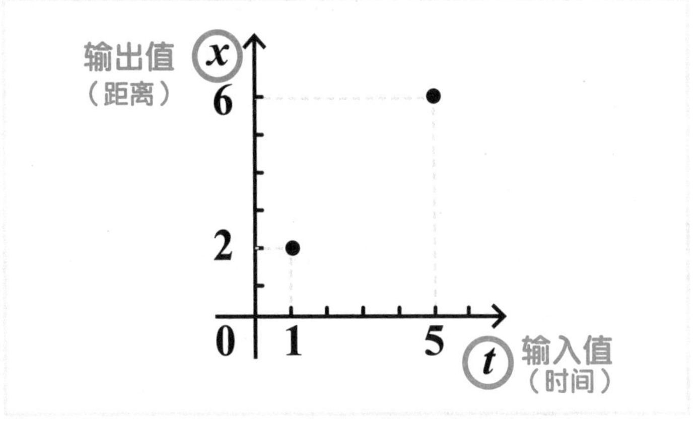

如果将这两个点连接起来，我们就可以得到后页的图形。

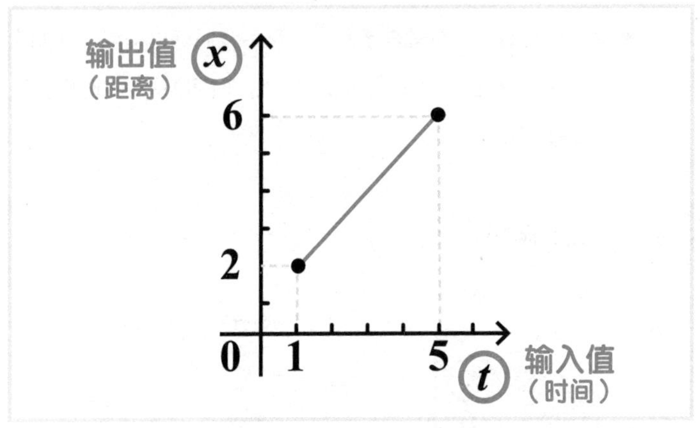

所谓速度就是指“斜率”

顺便问一下，惠理，你还记得我们这一节要讨论的主题是什么吗？

“斜率”！

很好！完全正确！惠理，你每秒走1米。

我们来看一下上面的图，按照这个逻辑，连接你步行时间和距离交点的直线，时间每增加1秒，距离就会增加1米吧？这种变化的节奏，就是**“斜率”**。

这是否意味着**“求速度”与“求斜率”是同一回事**呢？

你真的很敏锐！所谓速度其实就是指斜率。斜率（变化率）可以通过**“纵轴的变化值÷横轴的变化值”**计算得出。

在上面的例子中，纵轴的变化值为6－2＝4，横轴的变化值为5－1＝4，因此斜率就是4÷4＝1。计算出的结果与速度的数值完全一致。

所谓纵轴的变化值，在这里实际上就是“距离的变化值”，横轴的变化值就是“时间的变化值”，因此自然会得出这个结果。

确实如此！通过图形，我们可以简洁明了地看出趋势！顺着这个思路想下去，如果在我减肥的时候，将日期与体重转化为图形，我就可以观察到自己体重的变化趋势了……

这个思路太好了！你一定要试一下看看！

所谓“面积”是指什么？

所谓“面积”是指什么？

在了解完速度之后，我想介绍一下距离。通过计算，我们明确了惠理步行的速度是每秒1米。接下来，我们试着用图形进行描述，横轴表示时间（t），纵轴表示速度（v）。

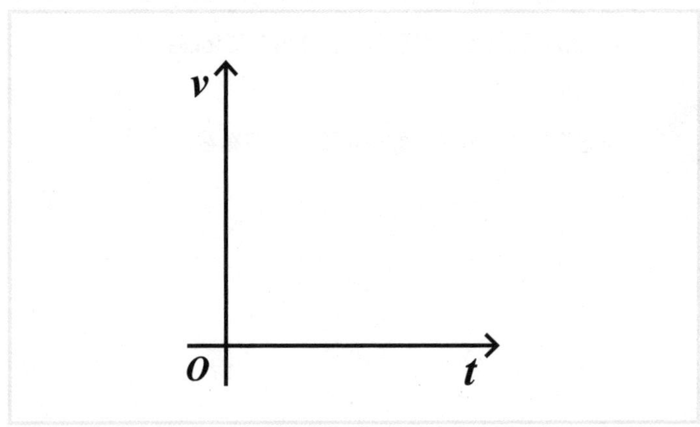

t和v？！看来我又要糊涂了……

看来真有这种可能性啊。（笑）t是time的缩写，表示时间。那么，你觉得v表示的是什么呢?

我能想到的只有victory（胜利）……

真是太可惜了！只差了一点点！正确答案应该是velocity，表示速度。

我根本就不会，没有什么好可惜的。(笑)

我们在纵轴上标注v（速度），在横轴上标注t（时间），一起来计算一下时间为4秒时惠理前进的距离。惠理，当时间为4秒时，你应该走了多少米呢?

由于我每秒走1米，因此，1（米/秒）×4（秒）=4（米）。

回答正确。无论时间怎么变化，惠理的速度都是恒定的1米/秒，如果用图形来表示，就如后页图所示。

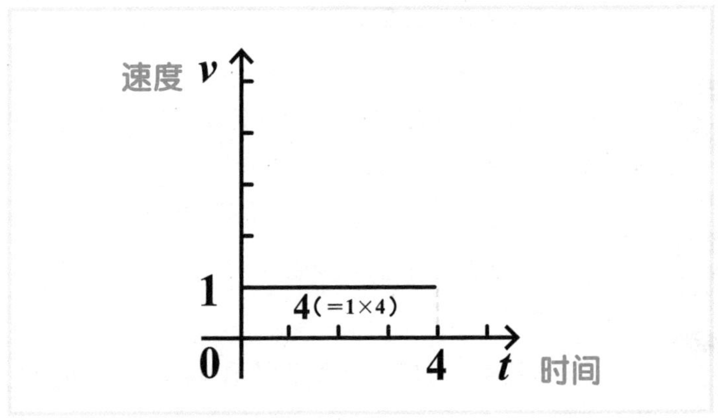

和之前的图形比起来，你注意到这个图形有什么不一样的地方吗？

这个图形中有一个长方形。

长方形的长 × 宽的值就是距离

你真是太聪明了！由于惠理的速度是恒定的，任何时刻的速度都是相同的，因此，我们可以引出一条线段。这条线段与横轴、纵轴及图中的虚线一起围成了图中所示的长方形。我们将这种**“一直按照相同速度前进的状态”称为“匀速”。**

正如上文所述，在匀速的状态下，时间×速度＝距离。实际上，我们可以通过长（＝1）×宽（＝4）来计算这个长方形的面积。

是啊！距离与面积的值是相同的！

纵轴表示速度，横轴表示时间，正如前文所提到的速度的值等于斜率的值，**距离的值等于面积的值。**

但是，我还有一点不明白，如果稍微仔细思考，就会产生疑问，人们怎么可能始终按照相同的速度行走呢？

这是一个非常好的问题！关于这一点，我将在后文中进行详细介绍。

“非匀速”状态，才是微积分表演的真正舞台

在“非匀速”状态下，是无法使用“速度时间距离”的公式的

正如惠理刚才所指出的那样，人们步行时，有时会小跑，有时会慢走，有时还会停下来。在不同的时刻，人们前进的速度是不同的。**那么，在这种速度不恒定的情况下，应该如何计算斜率(变化率)呢?** 下面，我们就来分析一下这个问题。

太好了!

与刚才举的例子相同，我们还是假设“步行了1秒后，走到2米远的地方，步行了5秒后，走到6米远的地方”，我们试着用图的形式来表示。我们设想小跑、慢走或者往回走等场景，并进行适当的描绘，如后页图所示。

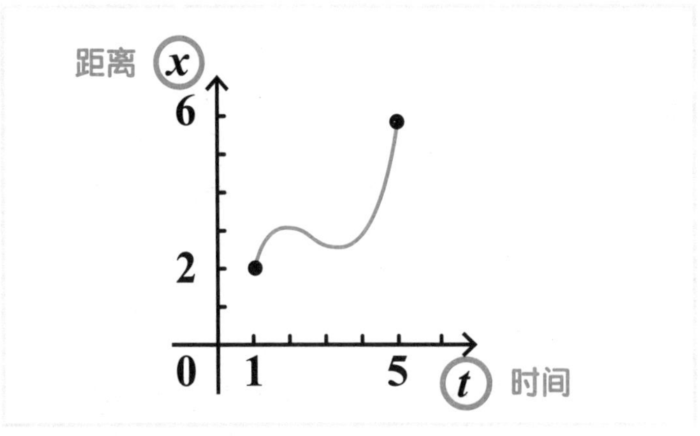

不知道为什么，我总觉得这个图形像是胃下垂的形状！

这是有些像宿醉后的胃。（笑）惠理，你觉得当时间为2秒时，速度会出现怎样的情况呢？

由于我不是匀速状态行走，因此，我是不是无法使用之前的方法计算速度了？

确实如此！之前的方法派不上用场了。正如惠理所说的那样，不仅仅是第2秒的速度无法计算，第3秒的速度、第4秒的速度也一样，根本用不上之前说的计算方法。在这种情况下，该轮到微分登上舞台大显身手了。

太好了！

在进入第三部分之前，我们再复习一下之前学过的内容。你还记得学习微积分时，有哪几个重要的知识点吗？

我记得有函数和图！

完全正确！除此以外，我们还学习了斜率和面积。如果你能熟练掌握这些知识点，必然可以理解第三部分将要介绍的关于微分的知识。希望我们能够配合默契，像此前一样，保持良好的趋势（变化率）！

所谓“微分”是指什么？

第1课

微分的本质就是观察事物的细微变化

只要选出两个适当的点，就可以顺利解决问题

我们要先请上一部分中最后的那幅图再次登场。在非匀速状态下，应该如何计算第2秒、第3秒或第4秒时的“瞬时速度”呢？

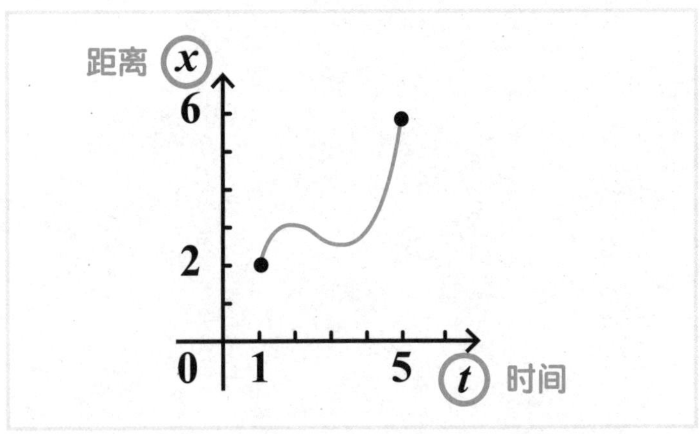

由于这条线呈现弯曲变化的状态，因此给人的感觉是“瞬时速度”是难以计算的……

如果是直线的话，无论我们取线上的哪个点，斜率都是一样的。但是，如果是曲线的话，情况就完全不同了。为了解决这个问题，该轮到微分出场了。我想请惠理先来选两个适当的点。

嗯？为什么要选出两个点呢？如果我们要求出“瞬时速度”，那么只需要选出一个点就可以了吧？

只有对两个数字进行比较，才能切实感受到变化

惠理，这个问题提得很好，你说到了关键点！请你回忆一下，前文中计算步行时的变化率（斜率）的问题，一共有几个关键点？

我记得有两个！

是的，现在的情况与之前的情况相同。**在计算变化率(斜率)的情况下，即使是求“瞬时速度”，也必须取两个点，否则**

是无法计算的。你可以想象一下，在减肥的时候，每次测完体重都会感到悲喜两重天，这是为什么呢？

我想这是因为与之前测量的数值相比，每次测量体重的数值都会增加或减少！

是的，因为测量后的数值与之前测量的数值可以比较！与减肥时体重的数值变化相同，**在计算斜率时，我们也必须取两个不同的点。**

确实如此！这么看还真得取两个点！

下面，我们就试着实际求一下斜率吧！

尝试用符号表示“平均速度”

先试着选出自己喜欢的两个点

请惠理配合我一下，在图中的曲线上，随便选出自己喜欢的任意两个点，只要自己喜欢就可以，其他什么都不用管。

我选好了！这样就可以了吗？

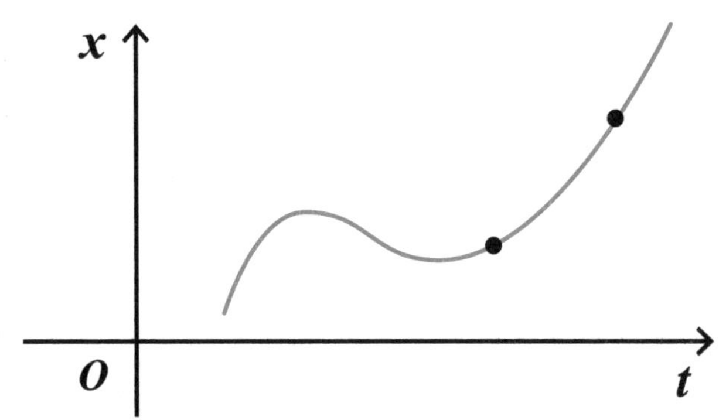

好的。因为我们要考虑的不是第3秒或第4秒之类的具体数字，而是要思考共性问题，所以我们假设这两个点分别为 t 和 $t+\Delta t$。

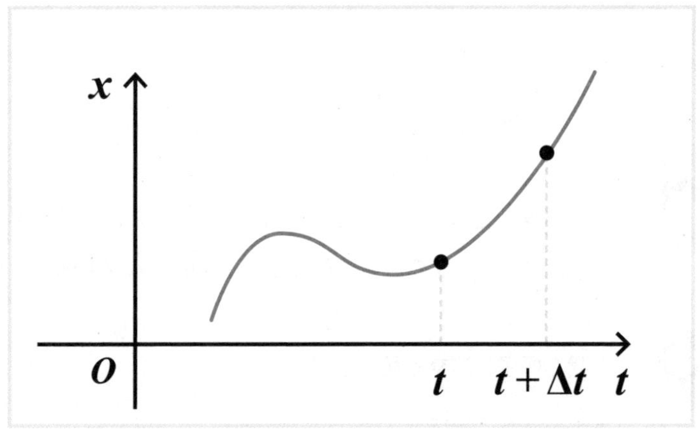

咦，Δ是什么啊？我完全没见过啊！之前你不是说过，在微积分中新出现的符号只有lim（limit）和∫（integral）吗？这和你说的不一样啊！$t+\Delta t$ 是什么意思啊？(失望)

这个没有问题。与其说Δ是微积分专用的符号，不如说它是一种常见的符号，在理科的其他学科中也会经常出现。与之前所提到的两个符号不同，Δ中并不含有命令的意思。

Δ本身并没有什么难度，只要理解了它代表的含义，根本没必要感到恐惧，这一点是经过证明的，你大可不必担心。

下面，我就要开始讲解了。正如之前所介绍的那样，t 表示的是时间（time），而Δ是表示“变化量”的符号，读作“德尔塔”。

Δ（德尔塔）的含义

正如 Δx 所表示的那样，通过与其他字母组合使用，Δ可以表示出该字母表示的事物的“变化量”。

这里的“变化量”具体是指什么呢?

例如：如果 x 表示的是位置，Δx 表示的就是“位置的变化量”；如果 t 表示的是时间，Δt 表示的就是“时间的变化量”。因此，$t+\Delta t$ 表示的就是“在 t 的基础上，增加了 Δt 的部分”。Δt 绝不表示 $\Delta\times t$。Δ后面的字母只是表示“××的变化量”的“符号”而已。说到这里，惠理能理解吗?

怎么说呢？我觉得还不是太明白……（尴尬）说到表示“变化量”这一点，Δ后面是不会接3、4之类的具体的数字，对吧?

是的，不会的。

那么，假设“t 为3秒，Δt 就变成了3秒，就表示时间的变化量为3秒”，您看我说得对吗？

完全正确，惠理的理解是正确的。Δ必须与 y、x 或者 t 等字母组合使用，否则就无法传递出“××的变化量”的信息。

确实如此！Δ是无法单独使用的……

只有与某个字母组合使用时，Δ才能成为真正发挥作用的功能性符号。

Δ 德尔塔

·应该与其他字母（x、y、t、v 等）一同使用

·表示的是 Δ 后面字母代表的事物的“变化量”

我还有一个问题。惠理，你知道这里的点为什么要用“$t+\Delta t$”来表示吗？

不知道……

Δt表示的只是“t之后经过的时间”。因此，通过“$t+\Delta t$”，表示的才是“**t 经过 Δt 后的时间**”。

原来如此，我明白了！

顺便提一下，惠理你知道在计算斜率时，什么是不可或缺的吗？

您还真是见缝插针啊！我怎么有一种接受突击检查的感觉呢？让我想想，由于速度＝距离÷时间，因此，答案是纵轴的变化量÷横轴的变化量吗？

惠理你真是太聪明了！完全正确。但是，纵轴只能是 x 吗？

你这么一说，我还真是不确定……

这样一来，不管惠理的天资多么聪慧，恐怕也无法计算出纵轴的变化啊。

是的……那究竟应该怎么办呢？

作为“函数”的图来思考

所谓画图，背后肯定有相关函数参与。因此，我们假设这幅图表示的是 $x=f(t)$。f 是在前文中提到的一个符号，惠理还有印象吗？

我还记得，原来是这样啊？

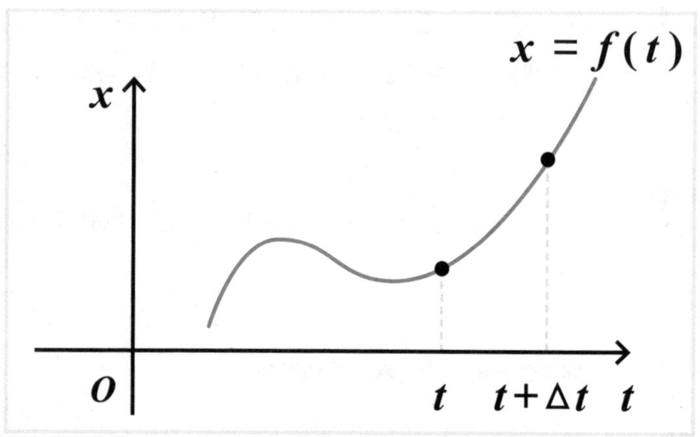

是的。如果解释一下这个式子，就是“在 f 的箱子中放入 t，之后得到的结果是 x”。那么，我又有一个新的问题。在纵轴上，应该如何表示这两个点呢？

我们可以直接代入 $f(t)$ 中的 t，**t 对应的纵轴值是 $f(t)$，那么，$t+\Delta t$ 对应的纵轴值就是 $f(t+\Delta t)$ 吧？**

非常正确！！具体如下图所示。

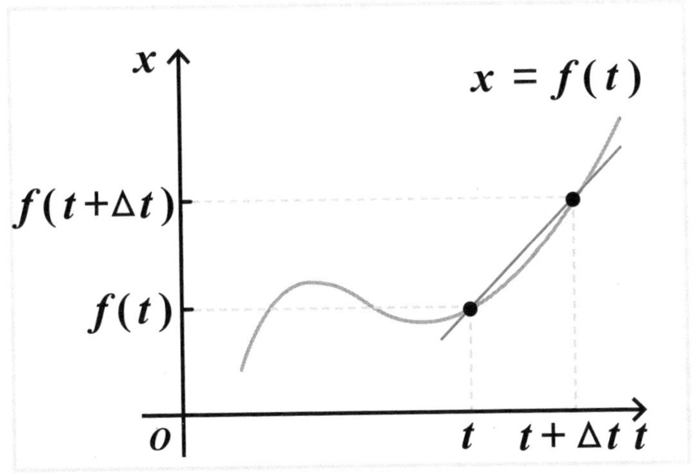

这样一来，我们已经集齐了求斜率需要的各项要素。为了更加简单地计算斜率，我们先画一下连接两点之间的直线。那么，你觉得应该如何表示横轴和纵轴的变化呢？

横轴的变化是 $(t+\Delta t)-t$，结果是 Δt。纵轴的变化应是

$f(t+\Delta t)-f(t)$ ……具体结果算不出来啊！

关于横轴和纵轴的变化值，你的想法都是对的。我们是不是可以这样思考呢？横轴是表示时间的 t，横轴的变化值自然就是Δt，对不对？这么来看，如果纵轴是表示距离的 x，那么纵轴的变化值应该如何表示呢？

我想应该是 Δx 吧？

是的。当然，正如上文中论证的那样，$\Delta x=f(t+\Delta t)-f(t)$。由于我们之前将横轴的变化值简写为$\Delta t$，我们就可以相对应地将纵轴的变化值简写为 Δx。

我明白了！

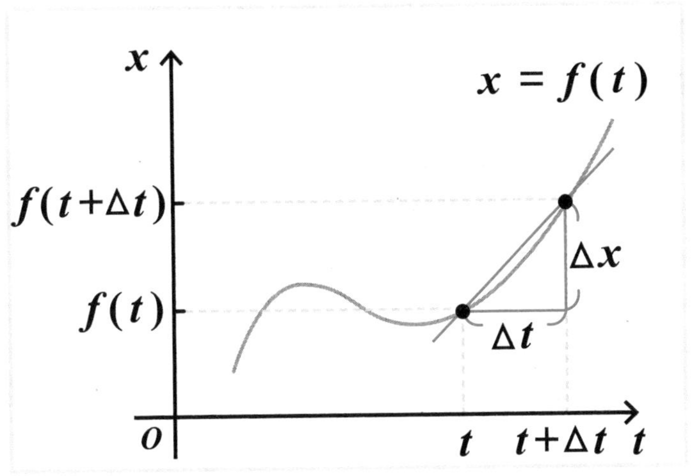

总结起来，横轴的变化是值Δt，纵轴的变化值是Δx。因此，斜率就是$\Delta x \div \Delta t = \dfrac{\Delta x}{\Delta t}$。当然，我们也可以不用$\Delta x$，改用$f(t+\Delta t)-f(t)$，将斜率表示为$\dfrac{f(t+\Delta t)-f(t)}{\Delta t}$。这样一来，我们就可以求出了$t$和$t+\Delta t$之间的斜率了。我们将**这两点之间的斜率称为“平均速度”。**

什么？平均速度是指t和$t+\Delta t$之间速度的“平均值”吗？

是的。

可是，我们要求的不是“瞬时速度”吗？

你问得太好了！我们现在求的是 t 和 $t+\Delta t$ 之间的平均速度，并不是“瞬时速度”。我们之所以要大费周章地计算平均速度，是因为**这是计算“瞬时速度”不可或缺的准备过程。**

通过“切线”理解“瞬时速度”

将“平均速度”转变为“瞬时速度”

下面，我们就要开始学习微分的核心内容了。

好的！我都等不及了！（激动）

接下来，我们要计算“瞬时速度”。刚才，我请惠理选出了 t 和 $t+\Delta t$ 这两个点。假设按照后页图所示，使 $t+\Delta t$ 无限趋近于 t，会出现什么情况？也就是说，使Δt无限趋近于0时，会发生什么变化？

斜率会发生变化？！

回答正确！

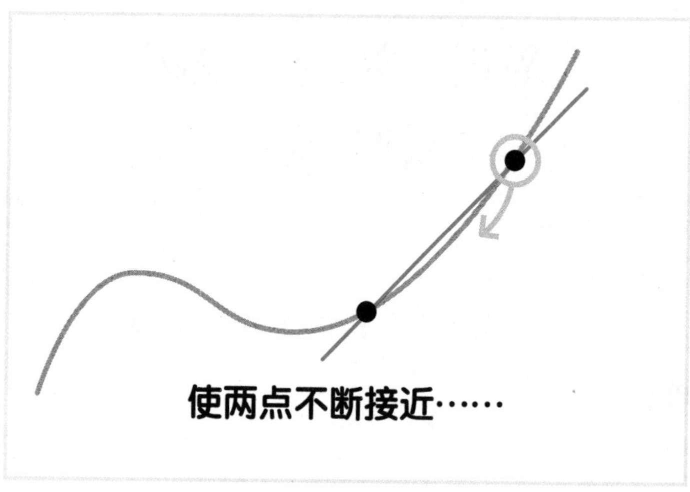
使两点不断接近……

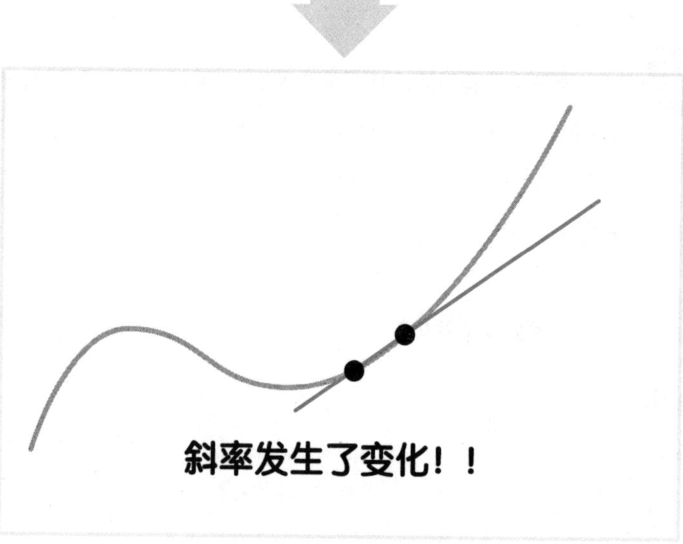
斜率发生了变化！！

你注意到了吗？不仅斜率发生了变化，还有一个现象，两点之间的距离越小，其连线的平均变化幅度也就越小。

确实是这样！打个比方，这就好像考试的平均分一样，与考50分和70分的两个人相比，分别考59分和61分的两个人的平均分肯定更接近实际分值。

确实如此。

当两点之间的距离无限接近时，我们就可以得到瞬时速度了

惠理，你想一下，当两点之间的距离无限接近时，会出现怎样的情况呢？

不知道为什么，我觉得可能会出现一个理想值！

如果使两点之间的距离“无限接近”，“平均速度”就可能会接近“瞬时速度”。当我们进一步拉近看本已分辨不清的两点之间的距离时，会出现下页图中的情况。

什么？完全变成了一个点啊！

对于这种情况，你可以理解为两点之间的距离过近，已经重合为一个点了。与之相对应，连接两点的直线与曲线看起来也“相切”了。我们将这条直线称为“切线”。

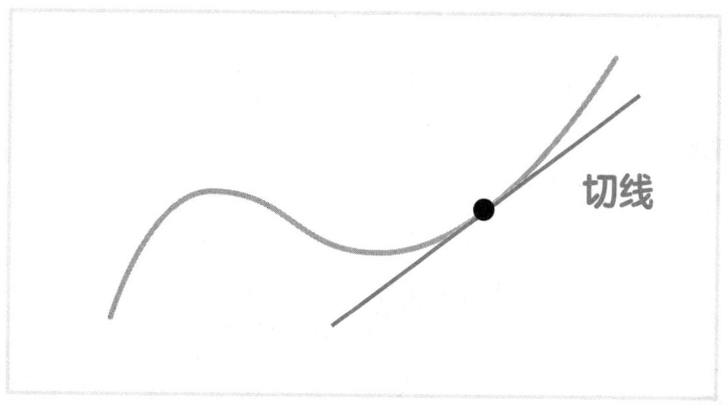

学到这里你觉得怎么样?

还好，没有问题!

那么，我们就继续。

到这个阶段，$t+\Delta t$已经接近完全重合的状态了。**在微分中，像这样将两点拉近至“极限”状态时，需要使用符号“lim”。**

什么？好不容易才搞清楚Δt的概念，又来了个新的符号……（沮丧）

使用“lim”计算瞬时速度

你先别着急，听我解释一下。“lim”是“limit”的缩写。惠理，你之前就知道，它表示的是“极限”的意思。正如前文介绍的那样，“lim”有命令的意思。可以说，“lim”是惠理的“指路向导”。

“lim”是在自身下方写有命令内容的符号，表示“**按照命令的指示，将右侧算式中某个量无限接近某个极限值**”的意思。

例如：当x无限趋近于a时，lim的符号下方标注的就是$x \to a$，这里使用的是箭头。

因此，像上文中提到的当Δt无限趋近于0时，在lim的下方，应标注$\Delta t \to 0$。

也就是说，我们现在正在研究的切线的斜率，可以写成下述公式。

$$\lim_{\Delta t \to 0} \frac{\Delta x}{\Delta t} = \lim_{\Delta t \to 0} \frac{f(t+\Delta t)-f(t)}{\Delta t}$$

这就是表示“瞬时速度”的公式。在公式的右侧，Δx被改写为$f(t+\Delta t)-f(t)$。

太难了，我总觉得这有点儿像猜谜游戏的暗语一样……（尴尬）

就像你说的那样，下面我们一起来破解这些暗语吧！我们先来了解一下lim这个符号的具体含义。

lim是“无限趋近”的意思吧！

完全正确！lim这个符号的下面，标有$\Delta t \to 0$，因此……

是“使Δt无限趋近于0”的意思吗？

是的，确实是这样！那么，lim旁边的$\frac{\Delta x}{\Delta t}$又是什么意思呢？

这是表示对应的斜率吗？也就是说，“Δt 无限趋近于0时的$\frac{\Delta x}{\Delta t}$”表示的是瞬时速度，对吧？

太棒了！完全正确！

“lim”算式是可以简化的

顺便提一下，关于我们刚刚解读过的公式，还有一种更加简单的方法。

如果写得更短一些，看起来就更容易，同时也可以避免混乱。上述公式可以简写成下述公式：

$$\lim_{\Delta t \to 0} \frac{\Delta x}{\Delta t} = \frac{\mathrm{d}x}{\mathrm{d}t}$$

这个公式可以读作“**用t对x进行微分**”。换句话说，就是“**用x的微小变化值除以t的微小变化值**”。因此，我们完全可以删繁就简，不用特意使用$\Delta t \to 0$或者lim之类的复杂符号。

原来如此！这就像英语中的“as soon as possible”（越快越好）可以缩写为ASAP一样！

从某种意义上讲，就是这个意思！在“用更短的语言表达相同的含义”这一点上，两者有异曲同工之妙！

我还有个疑问，$\frac{\mathrm{d}x}{\mathrm{d}t}$中的d表示的是什么意思呢？

d是“difference”的首字母，与Δ相同，都是表示“变化”的符号。与Δ的情况类似，d也是与右侧的字母组合使用的符号。需要特别注意的是，我们不能想当然地认为$\frac{\mathrm{d}x}{\mathrm{d}t}$的分子和分母中都含有d，就可以进行约分，得到$\frac{\mathrm{d}x}{\mathrm{d}t}=\frac{x}{t}$，这种理解是错误的。

Δ是“表示有限变化值的符号”，d是表示“无穷微小变化值的符号”。

是这样啊！我记得老师您在面前说过“微分的作用是用显微镜观察灰尘之类肉眼很难发现的微小物体”，从都是“研

究微小物体”这一点来看，d 和 Δ 是具有相似性的!

确实如此！这么看，你已经开始深入理解微分的本质了！那么，我们就进一步加快节奏，试着运用微分来解决实际问题吧!

微分的练习题①

求 $y=6x$ 函数的微分

这么突然，我现在该怎么办呢?

确实很突然，你肯定感到措手不及吧?

是的，是的……我还真是感到措手不及呢，我完全不知道应该如何运用之前学过的知识来解决这个问题……

没关系！只要你能够用好我之前教你的方法，完全可以做好这道题。我们先从这道题的题干入手，一起思考它所要表达的意思吧！

好的！

我们先通过画图来表示 $y=6x$。如果用高中数学的语言来表述，就是画一下 $f(x)=6x$ 时对应的 $y=f(x)$ 的图。

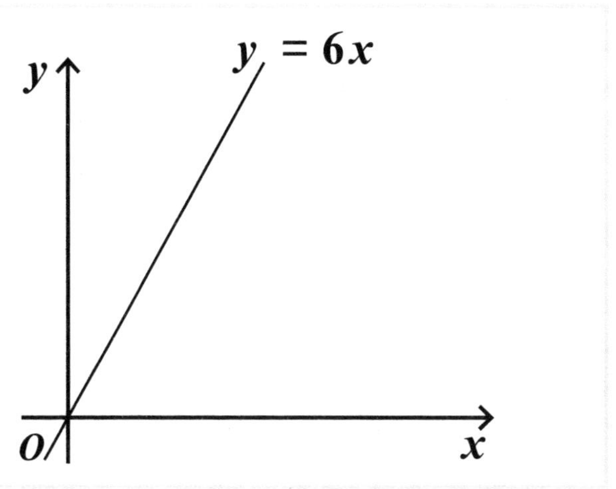

如上图所示，$y=6x$ 对应的是向右上方延伸的线。讲到这里，惠理能听懂吧？

是的！没问题！

保险起见，我来提问一下，权当是复习了。如上图所示，当横轴的值为 x 时，我们应该用什么样的公式来表示纵轴的值呢？

由于是 $y=6x$，因此，当横轴的值为 x 时，纵轴的值 y 为 $6x$。

回答正确！那么，从 x 移动 Δx 的点又应该如何表示呢？

是 $x+\Delta x$ 吗？

是的！完全正确。当横轴的点位于 $x+\Delta x$ 对应的位置时，纵轴会发生怎样的变化呢？

我们可以将“$x+\Delta x$”看成是 $f(x)=6x$ 中的“x”，因此，在将“$x+\Delta x$”代入算式后，纵轴的值就变成了 $6(x+\Delta x)$，这么算对吗？

非常好！答案就像惠理所说的那样。下面，我们将惠理回答的内容总结为图形，具体如后页图所示。

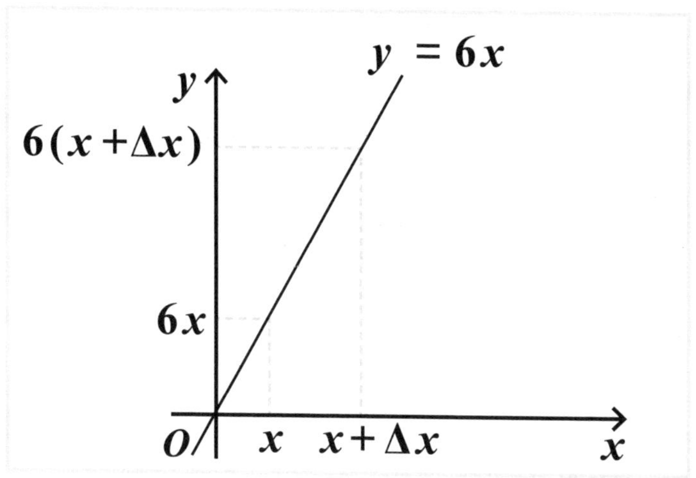

像这样将算式总结为图的形式，经过了一系列分析整理，我感觉更容易理解了！

在此，我们再来看一下标题中的问题，题干是求 $y=6x$ 的微分。微分试图观察的是微小的什么？请用三个字回答。

我想是“变化值”！

是的。那么，在这个问题中，我们发现了什么变化值呢？

我想可能是 $x+\Delta x$ 与 x 之间的变化值，不知道对不对？

确实如此！只不过由于问题是“求 $y=6x$ 的微分”，因此我们需要发现的是 x 和 y 的变化值。

之前，我们不是提到过“用 x（纵轴）的微小变化值除以 t（横轴）的微小变化值”吗？

如果按照当时的情况，用纵轴的变化值除以横轴的变化值，应该如何表示呢？

是 $\dfrac{\Delta y}{\Delta x}$ 吗？

确实如此！**由于 Δx 无限趋近于0，因此，在使用lim时，我们可以将其表示为 $\lim\limits_{\Delta x\to 0}\dfrac{\Delta y}{\Delta x}$** 。

那么，Δy应该如何表示呢？

由于只需要考虑变化，因此，我们可以将Δy表示为 $6(x+\Delta x)-6x$，对不对？

惠理，你已经完全进入状态了，表现得非常好！接下来，我们就列个算式试试。

$$\frac{dy}{dx}=\lim_{\Delta x\to 0}\frac{\Delta y}{\Delta x}=\lim_{\Delta x\to 0}\frac{6(x+\Delta x)-6x}{\Delta x}$$

在列出上面的算式后，我们去括号，将6分别乘以 x 和 Δx，继续计算。

$$\frac{dy}{dx}=\lim_{\Delta x\to 0}\frac{6x+6\Delta x-6x}{\Delta x}$$

下一步，应该怎么计算呢?

由于 $6x-6x=0$，因此，我们是不是会得到下面的算式?

$$\frac{dy}{dx}=\lim_{\Delta x\to 0}\frac{6\Delta x}{\Delta x}$$

真不错！下面，我希望你再看一下算式，分母和分子中有没有相同的部分呢?

有，是 Δx!

也就是说，我们可以按照下面的式子所示进行约分。

$$\frac{dy}{dx} = \lim_{\Delta x \to 0} \frac{6\cancel{\Delta x}}{\cancel{\Delta x}}$$

因此，答案是……

$$\frac{dy}{dx} = 6$$

6！

是的，这就是最终的答案。

太好了！但是，我还有一点不明白。对于 6 这个答案，

我能够理解，但是，为什么最后 $\lim\limits_{\Delta x\to 0}$ 会变没了呢？

这是一个很好的问题。你还记得 $\lim\limits_{\Delta x\to 0}$ 原本是什么时候会用到的符号吗？

我记得是右侧公式中的 Δx 无限趋近于0时。

是的。我们刚才对算式进行了约分，分子和分母中的Δx被约掉了。因此，我们没必要再纠结是否保留 $\lim\limits_{\Delta x\to 0}$ 了。

确实如此！原来是这么回事啊！这次的结果应该如何解释呢？

所谓微分是用来求瞬时斜率的，因此，$\dfrac{dy}{dx}=6$ 的结果表示的意思是“无论哪个瞬间，斜率都是 6 ”。

一提到“无论哪个瞬间”，我总有一种微分失去了意义的感觉。

是这样的。（笑）但是，如果求完微分的答案中包括 x ，根据位置不同，斜率也会发生相应的变化。下面，我们就要研究这个问题。

微分的练习题②

求 $y=\frac{1}{2}x^2$ 函数的微分

什么！居然是平方！

由于涉及平方，因此这道题多少会给人有点儿困难的感觉。但是，以惠理现在的认识水平和知识储备，只要静下心来，专心研究，绝对可以轻松解决问题!

我尽力试试看！这道题确实有些难度，平方函数的图应该会变成抛物线吧?

是的！你说得很对！那就请你画一个横轴的值为 x 、纵轴的值为 y 的图吧!

好的！是这种样子的图吗?

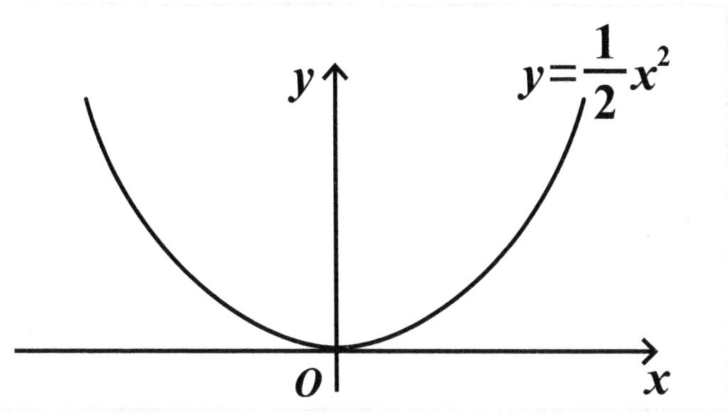

是的。当横轴的值为 x 时，y 为 $\frac{1}{2}x^2$。那么，当 x 为 $x+\Delta x$时，y 的值会变为多少呢？

请让我想一下。当横轴的值为 $x+\Delta x$ 时，将其代入$y=\frac{1}{2}x^2$的算式中，得到的算式是 $y=\frac{1}{2}(x+\Delta x)^2$。

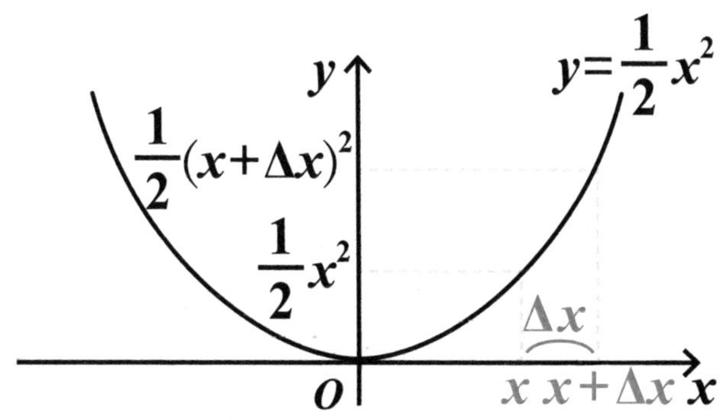

惠理，你太聪明了！你的想法完全正确。下面，我们一起求一下结果吧！

好的！我们最开始会得到下面这个算式：

$$\frac{\mathrm{d}y}{\mathrm{d}x}=\lim_{\Delta x\to 0}\frac{\frac{1}{2}(x+\Delta x)^2-\frac{1}{2}x^2}{\Delta x}$$

好的！你再想想 $(x+\Delta x)^2$ 应该如何计算呢？

这也就是计算 $(x+\Delta x)(x+\Delta x)$，对吧？我想应该按照顺序，用左侧括号内的x和Δx分别与右侧括号内的x和Δx相乘。

$$\begin{aligned}(x+\Delta x)(x+\Delta x)&=x^2+x\Delta x+x\Delta x+(\Delta x)^2\\&=x^2+2x\Delta x+(\Delta x)^2\end{aligned}$$

这样得到的结果对吗？

是的！下面，我们试着将这个结果代入刚才的算式中。

是这样吗？这样得到的算式对吗？

$$\frac{dy}{dx}=\lim_{\Delta x\to 0}\frac{\frac{1}{2}[x^2+2x\Delta x+(\Delta x)^2]-\frac{1}{2}x^2}{\Delta x}$$

正确！然后呢？

我想，我应该用$\frac{1}{2}$去括号，分别与中括号内的各项相乘，得到下面的结果，不知道对不对？

$$\frac{dy}{dx}=\lim_{\Delta x\to 0}\frac{\frac{1}{2}x^2+x\Delta x+\frac{1}{2}(\Delta x)^2-\frac{1}{2}x^2}{\Delta x}$$

$$\frac{dy}{dx}=\lim_{\Delta x\to 0}\frac{x\Delta x+\frac{1}{2}(\Delta x)^2}{\Delta x}$$

进行得非常顺利！我们快到最关键的一步了，你觉得下面应该怎么做呢？

在练习①中，到这一步，我们应该对分母和分子中的Δx进行约分了。因此，我觉得在这个算式中，也应该进行约分。

$$\frac{dy}{dx}=\lim_{\Delta x \to 0}\left(x+\frac{1}{2}\Delta x\right)$$

在得到这个结果后，我真不知道应该怎么算了。

你觉得这里的“lim”表示的是什么意思?

“使Δx无限趋近于0”。

是的。因此，我们可以将上面结果中的Δx替换为0。

这也就是说:

$$\begin{aligned}\frac{dy}{dx}&=\lim_{\Delta x \to 0}\left(x+\frac{1}{2}\Delta x\right)\\&=x+\frac{1}{2}\times 0\\&=x\end{aligned}$$

由于结果是 $x+0$，因此，最终的答案就是x。

回答正确！我真替你感到高兴。在这里，我要真诚地祝贺你！实际上，在过去的大学入学中心考试中，就曾经出过与这个题目类似的试题。

也就是说，如果我做对了这道题，就等于拿到了高中微分知识的“合格证书”了？！

是的！关于微分，可以说你已经达到出徒的水平了。

我竟然做到了！尽管微分的题目中使用了许多符号，但是做起来真的很简单，我甚至有点儿意犹未尽的感觉。

确实如此。我在“课前准备”中曾经说过“就算是小学生也能轻松掌握微积分”，究其原因也在于此。

不管怎样，我还是感到非常愉快！

微分的练习题③

求 $y=x^3$ 函数的微分

关于立方函数，我肯定是做不出来的！

既然已经学到了这个程度，你一定要有信心，无论是平方还是立方，实际上都是一回事。下面，我们用图来表示 $y=x^3$，具体如下图所示。

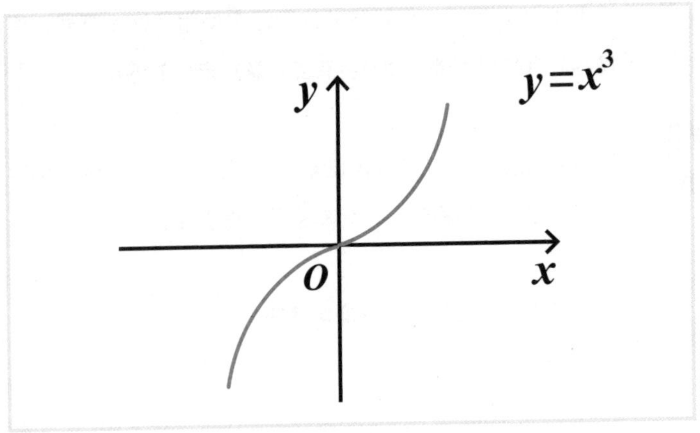

在这里，我们要遵守立方的计算方法。大部分参加过高

考的学生都能记住立方计算方法的公式。针对惠理的特殊情况，我会教你一种有利于理解这一公式本质的方法，以便达到更好的学习效果。我们先要明确一点，$(a+b)^3$ 表示的是3个 $(a+b)$ 相乘，这你应该能理解吧!

是的！没问题。

如果完全按照这一思路直接将3个 $(a+b)$ 相乘，计算过程就会变得非常复杂，难度会大大增加。因此，我们**要避免3次乘法运算，而是拆解为1次乘法运算和2次乘法运算。**

1次乘法运算和2次乘法运算……

我的意思就是将 $(a+b)^3$ 拆解为 $(a+b)\times(a+b)^2$。惠理你现在已经可以熟练完成平方的计算了吧?

应该可以吧。（尴尬）

那么，我们就来试试看！如果要求 $(a+b)^2$ 的结果，应该怎么计算呢?

只需要计算 $(a+b)\times(a+b)$ 就行，即:

$$(a+b)^2=a^2+ab+ba+b^2$$
$$=a^2+2ab+b^2$$

我这样做对吗?

没问题。下面，在这个基础上，再乘以 $(a+b)$ 试试看。

那就是计算 $(a+b)\times(a^2+2ab+b^2)$，即：

$$(a+b)(a^2+2ab+b^2)$$
$$=a^3+2a^2b+ab^2+a^2b+2ab^2+b^3$$
$$=a^3+3a^2b+3ab^2+b^3$$

漂亮！你能做到这个阶段，那解决这道题应该没有问题了！下面，我们试着使用 $\frac{dy}{dx}$ 来计算。

明白了！

$$\begin{aligned}\frac{dy}{dx} &= \lim_{\Delta x \to 0} \frac{(x+\Delta x)^3 - x^3}{\Delta x} \\ &= \lim_{\Delta x \to 0} \frac{x^3 + 3x^2\Delta x + 3x(\Delta x)^2 + (\Delta x)^3 - x^3}{\Delta x} \\ &= \lim_{\Delta x \to 0} \frac{3x^2\Delta x + 3x(\Delta x)^2 + (\Delta x)^3}{\Delta x} \\ &= \lim_{\Delta x \to 0} [\ 3x^2 + 3x\Delta x + (\Delta x)^2\ ] \\ &= 3x^2\end{aligned}$$

惠理，恭喜你，你又过关了！

太好了！解决了立方计算的问题，我稍微有点儿成就感了！以我现在的水平，我参加大学入学中心考试应该没问题了吧？

是的，我认为至少在计算方面，你已经完全可以应对大学入学中心考试了！

我真是太高兴了！

顺便提一下，实际上，还有一种方法可以简化微分的计算问题。

是吗？真的有这种方法吗？

千真万确，就是下面的这个公式。

x^n 的微分等于 $nx^{(n-1)}$

$nx^{(n-1)}$ 是怎么回事？

关于这一点，我觉得如果将实际数字代入进行计算，可能更容易理解一些。如果求 x^3 的微分，应该如何计算呢？

如果求x^n的微分，按照公式，结果应该是 $nx^{(n-1)}$。当 $n=3$ 时，x^3 的微分就是 $3x^{3-1}=3x^2$，我这么计算对吗？

正确！我还有个问题，如果我们要求 x 的微分，应该如何计算呢？

如果求 x 的微分，就相当于求 x^1 的微分，按照上面的公式，结果应该是 $nx^{(n-1)}$ 。当 $n=1$ 时，$1x^1-1=1x^0$，这我就不会了。x^0 应该怎么处理呢？

由于任何非零数的 0 次方都等于 1，因此，$x^0=1$。由此，我们可以推出 x 的微分为 1，你觉得对吗?

是的，我明白了!

此外，在求 $6x$ 的微分时，为了使用这个公式，我们可以暂时不考虑 x 前面附带的 6 。也就是说，只将 $6x$ 中 x 的部分套用到公式中，得到结果是 $1x^0=1$。然后，再乘以之前没有被计算的6。这样一来，$6\times1=6$，与前文中通过计算求得的结果完全一致。

真希望您能再举一个类似的例子!

好的。我们可以按照相同的方法来求 $\frac{1}{2}x^2$ 的微分。首先，我们可以先不考虑 $\frac{1}{2}$；然后，我们使用 $nx^{(n-1)}$ 的公式来计算 x^2 的微分，结果等于 $2x$；最后，我们再将 $2x$ 乘以之前没有被考虑的 $\frac{1}{2}$，得到的结果是 $\frac{1}{2}\times2x=x$。

这个公式真好用！那么，为什么您不从一开始就教我这个特殊的公式呢？明明用这个公式求微分会更加简单!

实际上，微分计算本身是非常简单的。只不过在过去的大学入学中心考试中，曾经出现过与微分的练习题②类似的问题，它将计算“过程”设置为了填空内容。也就是说，这是要考查大家对微分概念本身的理解。

关于这个问题，许多考生都交了白卷。对于那些一直只会用公式求解的人而言，根本没有考虑过计算过程。因此，这个问题的答题正确率自然就比较低了。

鉴于此，我才将这个公式放在最后介绍，希望惠理能在充分理解微分意义的基础上，锻炼自己的计算能力，真正学到微分的精髓。

我明白了，拓巳老师对我是“爱之深、责之切”啊！太感谢您了！

微分在现实世界中是如何应用的?

在股票行情分析中也会用到微分

在“课前准备”中，我曾经讲过通过微分可以推导出在棒球比赛中，本垒打击出的棒球的飞行距离。由于惠理对于微分的理解越来越深了，因此，在本部分的最后，我想讲一些更为深入的话题。

洗耳恭听!

微分还可以用于股票行情分析。假如某段时期的股票行情如下图所示。

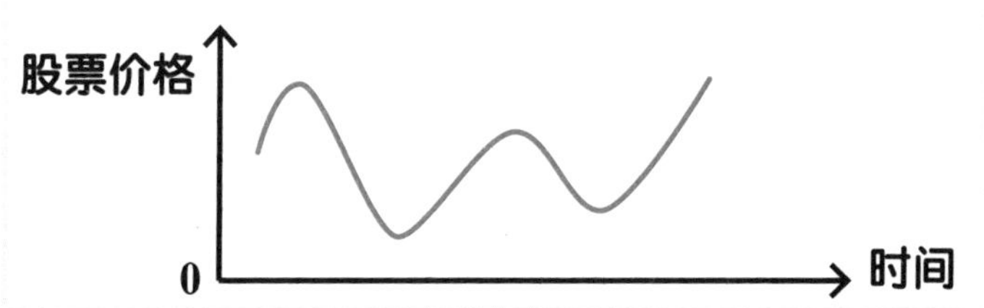

其中，纵轴代表股票价格，横轴代表时间。我们可以对一段时期内的股票价格进行跟踪，并形成图形。然后，我们可以从图的变化情况入手，对股票价格的变化趋势进行分析。

按照这种方法，我们岂不是要对许多点逐一进行观察分析吗？如果这样的话，工作量实在太大了，我总觉得心里没有底气。

正如惠理所说，逐个观察所有点的工作量实在太大了，也是不现实的。在这种情况下，我们就要用到……

您想说的是微分吧？

你太聪明了！我想说的就是微分！由于追踪每个点的变化情况的工作量令人难以承受。因此，**我们可以选择几个点，研究它们的变化情况，并在此基础上分析股票价格的变化趋势是涨还是跌，并研究股票价格在什么时间会涨到最高点、什么时间会跌到最低点。**

呀，这听起来真的很高效啊！不愧是拓巴老师的课堂。那么，我们应该如何来确定这些点呢？

我们肯定要先选择那些股票价格急剧上涨或快速下跌的点。除此以外，我们还要选择另一类非常重要的点，那就是“拐点”。

什么？拐……拐点？

在股票价格分析中，“拐点”是不可或缺的

请想象一下，微分是零的情形。当切线的斜率为0时，才会出现微分为零的情况，是这样吧？那么，你觉得那是下图中的哪个部分呢？

我想一下，那应该是下图中标注黑点的部分吧？

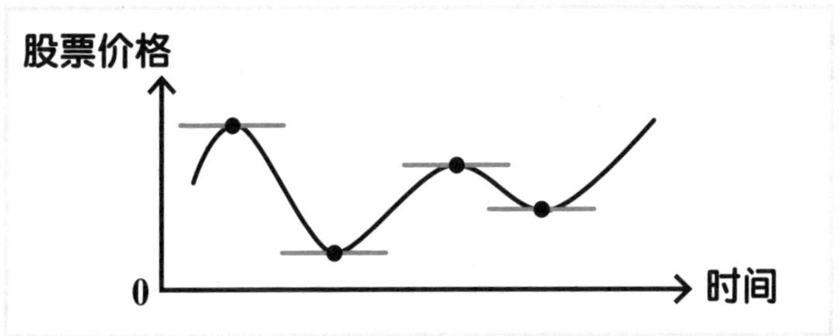

是的！回答正确。拐点正好位于图形的波峰和波谷。顺

便提一下，在数学领域，**位于波峰的点被称为“极大值”，位于波谷的点被称为“极小值”。**

确实如此。相对于旁边的点，这些点的值确实是“最大”的和“最小”的。那么，明确这些点及其变化，与股票价格之间有什么关系呢？

其实，我们不需要追踪股票行情的所有数据，只要认真分析股票价格曲线上的点的微分，也就是切线的斜率，及时发现其数值为零的瞬间，就可以掌握股票价格的极大值和极小值。银行和证券公司等金融机构的从业人员们每天都在跟踪监测这些数据，并开展交易。他们会在历史数据和最新数据的基础上，分析这些重要节点的变化趋势，从而充分发挥预测股票价格走势的关键作用。

那么，是不是意味着我们普通人只要熟练地掌握这一技巧，并认真进行测算，就可以像金融机构的专业人士那样，精准地分析股票行情，做出正确的判断呢？

事实上远没有那么简单。但是如果你想认真地学习分析股票行情的知识，那就必然要运用“微分”的思维方式。无论如何，我们能得到一个结论，那就是**通过求解各个关键点的**

微分，可以在一定程度上掌握股票的变化趋势，并预测股票投资价格的走势。

我之前根本不知道微分还能用于分析股票行情！我真没想到在现实生活中，竟然还有能用到微分的工作，这真的太出乎意料了！

是的。**在金融机构中，还专门设有一个被称为“金融工程师(quants)”的职业，他们平时主要运用先进的数学和物理知识，从事市场动向预测分析和金融产品开发等工作。**在我的大学同学和研究生同学中，很多人最终都成了金融工程师。学到这里，惠理觉得怎么样？与之前相比，是不是更加真切地感受到微分在日常生活中的应用了呢？

是的，那当然了！

在这一部分的最后，**我想试着总结一下使用微分解决实际问题的流程。除了股票分析以外，还有许多场合需要充分发挥微分的作用。**

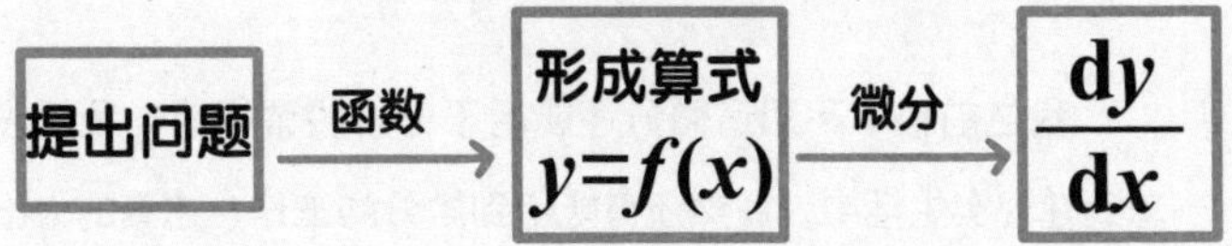

首先，我们要将希望解决的“问题”转化为算式，并形成“函数”。其次，我们求函数的“微分”，计算数值并进行分析，因为在这些变化趋势中，蕴含着许多重要信息。

呀，这真是太惊艳了！

讲到这里，本书关于微分的内容就结束了！下面我们将进入关于积分的内容。

所谓“积分”是指什么？

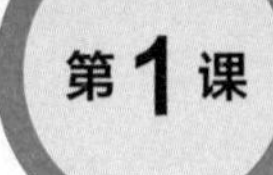

在非匀速状态下，积分会发挥显著作用

在非匀速状态下，应该如何求距离呢？

在第三部分中，我们试着求解了三道关于微分的练习题，你觉得怎么样？

效果太明显了，远远超出了我的预期，真的令人感到难以置信！

真是太好了！如果你能理解微分，那么积分自然也不是问题了！

不知道为什么，我觉得自己越来越有底气了，对微积分也不再感到那么恐惧了！

好的！下面，我们就趁热打铁，借着这个势头开始学习积分吧！之前，我曾经和惠理说过“距离＝面积”。

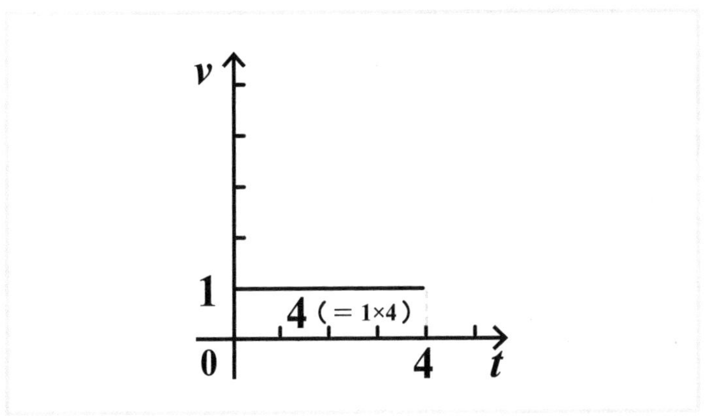

在匀速状态下，我们可以通过“速度×时间”来求距离。如果用图来表示，距离就是上面的长方形的面积。因此，我们想要求面积是非常轻松的。讲到这里，惠理能理解吧？

是的，没问题！

但是，在非匀速状态下，我们就无法再用之前提到的“距离＝速度×时间”公式了。既然如此，就该轮到积分大显身手了！

呀，替代“距离＝速度×时间”公式的新星就要诞生了！我好期待啊！

在非长方形图形中也可以求面积

下面我们来思考一下在非匀速状态下，距离的计算方法。在学习微分时，我们曾经以惠理步行时的速度为基础绘制了图形。在积分的情况下，我们将以惠理开车为例进行讲解。

请大家设想一下以车辆的速度和距离的数值为基础绘制图形的情景。假设纵轴表示 v（速度）、横轴表示 t（时间）。如下图所示，假设速度呈上下波动状态，求车辆从 a 秒至 b 秒的行驶距离。

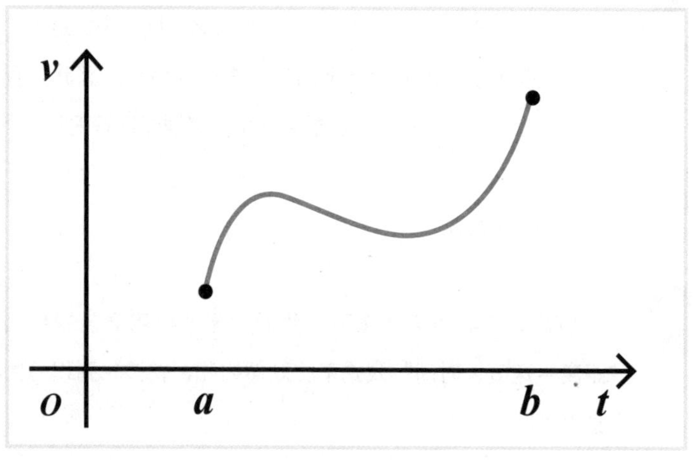

图上的线是弯弯曲曲的，是典型的曲线。

是的，求解这种曲线图形面积的过程就是积分。下面，我们就来试求下图中围起来部分的面积。

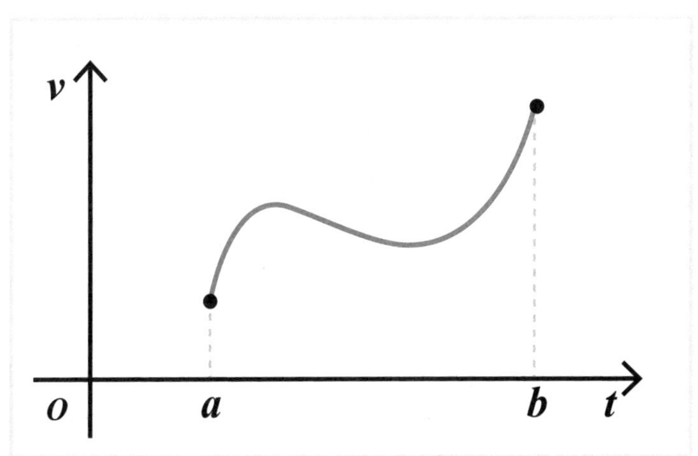

这也太难了，光是看一眼，我就觉得不得不放弃了。不知道为什么，我的心中有一种抗拒的情绪，觉得以自己现在的水平，是无论如何也求不出来的。（哭）

不知道有没有简单易懂、轻松好学的计算公式啊？

很遗憾！针对这种曲线图，并没有直接求解面积的公式。

那我该怎么办啊？拓巳老师可是大名鼎鼎的数学魔法师啊！（哭）

如果是圆形、椭圆形或者梯形，只要肯下功夫还是有办法求的。但是，面对这种不规则的图形，我也是束手无策！

也就是说，我只能按照固定的速度行驶，才能求出行驶距离，是吗？

当然，也不是非得那样！（笑）毕竟惠理只是普通人而不是机器，肯定也有想加速超车，或者不得不降低速度的时候。下面，我就将计算这类不规则曲线图面积的“武器”传授给你。

真的吗？太好了！让您费心了！请快点儿教会连我这种“小白”也能熟练运用的“武器”吧！

试着在求解对象的图形中绘制长方形

即使是不规则图形，也可以转化为“长方形”并求解

在这里，我希望惠理认真思考一个问题，那就是：你认为应该如何求这种不规则图形的面积呢？

我不知道，因为现在还没有可以用的公式啊。

是的，正因为没有公式，你才更有必要认真思考。刚才我们求过面积，还记得吧？你再试试那种方法，看看结果会怎样。

是按照与刚才图形相近的长方形来计算吗？

非常棒！你的想法已经很接近正确答案了。如果是长方形之类的规则图形，我们肯定是能求出面积的。因此，我们**可以使用长方形，尽量填满待求解的图形。**

这就好像在蜿蜒曲折的湖面上，密密麻麻地镶满了长方形的瓷砖。也就是说，我们应该在图形中绘制尽可能多的长方形。在绘制时，我们可以超出图形的上边，因此，请确保所有绘制的长方形的左上角与曲线上的点重合。

好的，是下面这幅图的样子吗？

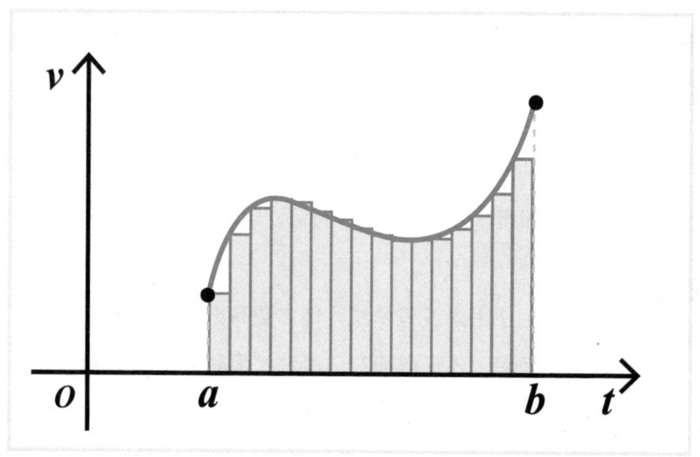

很好！所有准备工作已经完成了，下面我们就开始正式求不规则图形的面积了。我们先试着从上图中选出一个长方形。

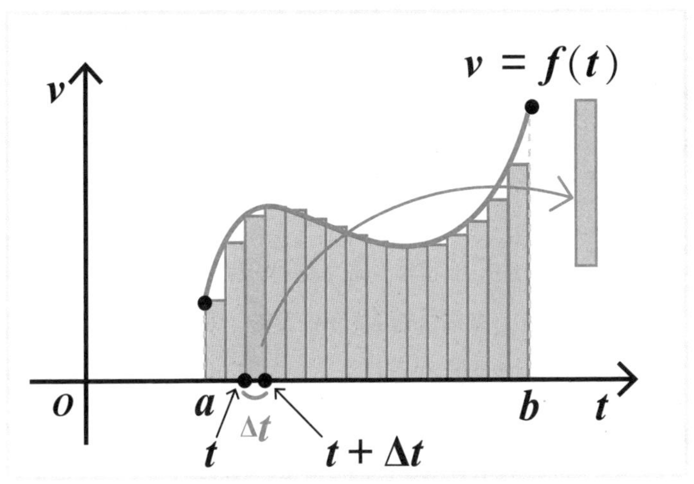

不管这个长方形的宽是多少，都用Δt来表示。

如图所示，左侧为 t，右侧为 $t+\Delta t$，其差为 $(t+\Delta t)-t=\Delta t$，因此这个长方形的宽是 Δt 吧？

是的，完全正确！

通过函数可以求“长”

那么，长方形的纵向高度（长）又该如何表示呢？顺便提一下，这幅图就是 $v=f(t)$ 的图。

在微分中，当横轴的值为 Δt 时，纵轴的值为 Δx 。那么，在这幅图中，既然纵轴是表示速度的v，我们是否可以由此推出长方形的长就是 Δv 呢？

不对！非常遗憾，你的想法是错误的。

啊？为什么不对呢？我明明觉得就是啊。

我们稍微梳理一下思路。从本质上看，微分是用来做什么的呢？

我觉得是用来“观察变化值”的。

是的！因此，在进行微分计算的时候，我们应该用 $f(t+\Delta t)-f(t)$ 进行计算，求出其差以表示纵向的长度。

没问题，到这一步我都能明白。

但是，这次要求解的不是“变化值”，而是“长”。也就是说，我们需要求横轴的值为t时相对应的纵轴的“点”到原点的距离。

我们已知图形的函数为 $v=f(t)$。那么，当横轴的值为t时，长方形的长应该是多少呢？

由于横轴的值为 t，因此，我们可以将其代入$f(t)$中，得到的答案就是$f(t)$，这样理解对吗？

完全正确！归纳起来，这个长方形的长为$f(t)$、宽为Δt。

长方形的面积＝长 × 宽

$$= f(t) \times \Delta t$$

认真思考长方形的间隙问题

填充间隙的方法

到这一步，我们用来求长方形面积的所有要素都已备齐！

确实，从理论上讲，我们可以计算图内所有长方形的面积。但是，由于图形的上边是弯曲的，因此弯曲的部分与长方形之间就会存在间隙，不仅如此，还可能会出现超出外框的部分。那么，针对下图所示的间隙，我们应该如何处理呢？

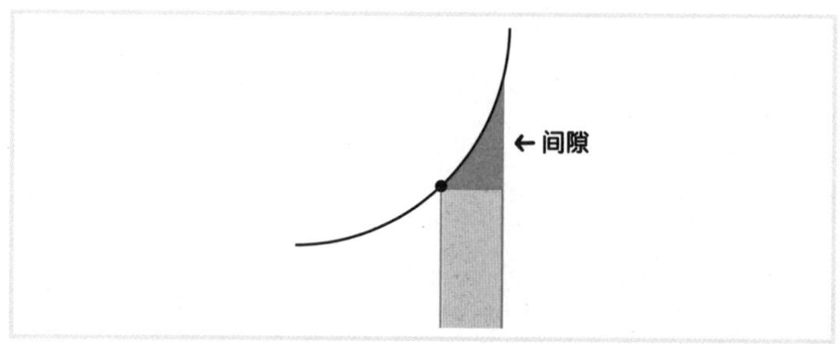

这个问题问得很好！正如惠理所说的那样，针对现在的长方形，就算我们能够计算出结果，也解决不了间隙的问题。因此，如果我们按照目前的方法计算，只能得到比较粗略的答案。

但是，如果将惠理绘制的长方形的宽设置得更小一些，如下图所示，将会出现怎样的情况呢？我想最终结果就是Δt无限趋近于极小值。

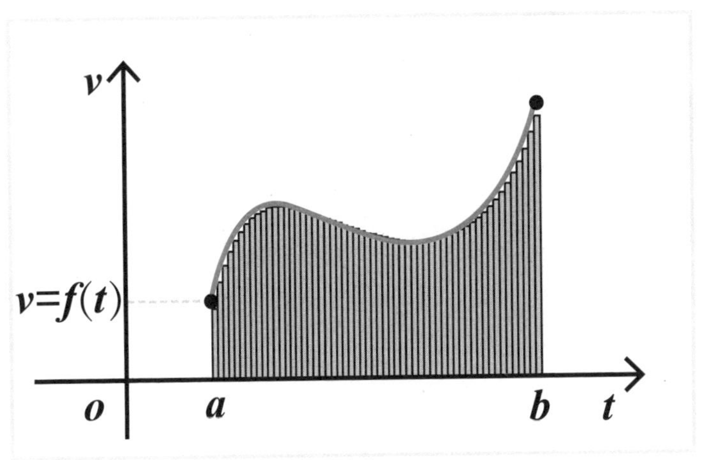

你不觉得与之前的宽较大的长方形相比，在这种情况下，计算出面积的数值更接近准确值吗?

确实如此！至少与刚才绘制的那些长方形相比，这种情况下的间隙变得小了许多。

好的。随着长方形的宽不断变小，其超出图形的部分和间隙部分也会不断变小，对吧？

这种让长方形的宽不断变小并增加长方形数量的做法才是积分的本质。

下面，我将在求长方形面积需要的各种要素的基础上，介绍计算整体面积的方法！

太好了，那就拜托您了！

长方形面积的计算方法

将小的长方形一个一个拼接起来

让我们再梳理一遍信息！

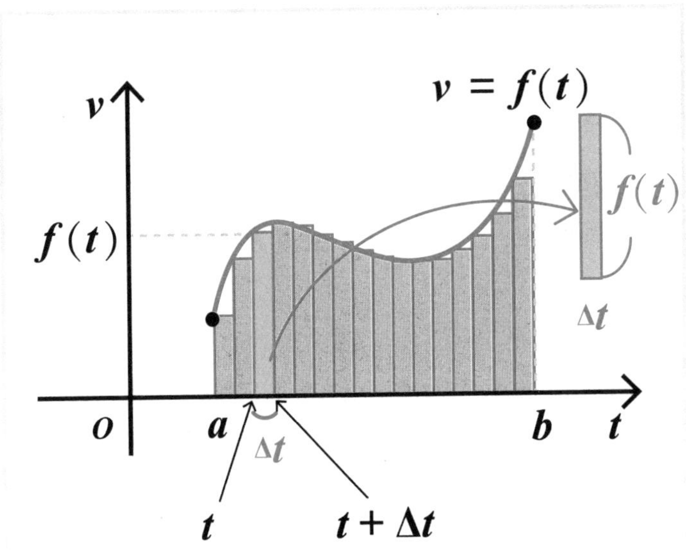

我们想要求的面积，在横轴上对应的宽是 a 至 b 之间的距离。

通过前面学习的知识，我们知道用 $f(t)\times\Delta t$ 可以计算出抽选的长方形面积。

由此，我们可以推出一个规律，那就是只要将这些长方形的面积相加，就能求出整个图形的面积。

是将所有 $f(t)\times\Delta t$ 逐个相加吗?

是的！只不过逐个相加的算式过于烦琐，需要做大量计算工作，我们需要更为简洁的表达方式。因此，我们可以将从 a 至 b 所有 $f(t)\times\Delta t$ 逐个相加简写为下面的形式:

$$\text{距离（面积）} \approx \left[\begin{array}{l} f(t)\times\Delta t \\ t=\text{从 } a \text{ 至 } b \text{ 累计} \end{array}\right]$$

这就是“将 t 的值从 a 至 b 逐渐变化”的意思。正如前页图所示，在图形中绘制的长方形，不是从 a 至 b 连续排列的吗？与此同时，纵向的高度（长方形的长）也是在不断变化的。因此，我们应该“将 a 点至 b 点之间的长方形面积全部相加”。

确实如此！拓巳老师，这里出现的≈是什么意思呢？

≈表示的意思是什么？

这也是本书中首次亮相的符号。≈是约等号，意为**约等于(nearly equal)**，表示**“近似”**的意思。

拓巳老师！这里我有点儿不明白了……“近似”就意味着刚才提到的“间隙问题”还是没有被完美解决吧？

确实如此！下面我们就一起研究一下“间隙问题”吧！

曲线部分面积的计算方法

使用“dt”无限缩小 Δt 的宽度

惠理，你在包饺子时，是否遇到过由于饺子馅儿颗粒太大导致不抱团的情况呢？那么，你应该怎样做才能把饺子包好呢？

当然是把饺子馅儿切细剁碎啊！

是的。馅儿剁得越碎，馅儿中间的缝隙就越小，饺子就越容易包。

这与我们将要讨论的问题十分相似。

在上文的图形中，情况也是相同的。长方形的宽越小，长方形与曲线围起来的部分重合度越高。那么，这种现象用数学术语应该怎样表述呢？

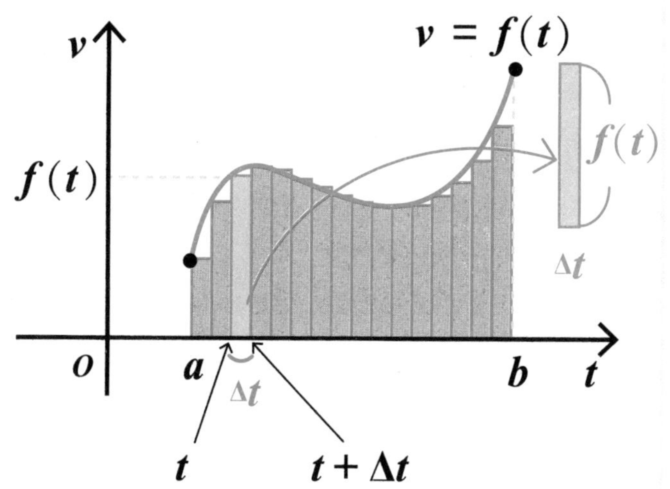

是不断缩小 Δt 吗？

太棒了！如果缩小 Δt 的宽度，我们就可以减小长方形与曲线之间的空隙，超出曲线的部分也会随之减少。正如惠理所说的那样，应该无限缩小 Δt 的宽度。在积分中，我们一般用“dt”来表示这种情况。

哎呀！这个符号在微分中是不是也出现过啊？

你的记忆力真好！是这样的，你还记得吧？在微分中，Δ表示的是“有限的变化”，d 表示的是“趋近于无穷小的变化”。在这里也是一样，我们用 dt 来表示将 Δt 无穷缩小。如果将其代入刚刚介绍的面积表达式，会发生怎样的变化呢？

是不是会变成这样啊？

长方形的面积 = $f(t) \times \mathrm{d}t$

确实如此！我们也可以省略×，将 $f(t) \times \mathrm{d}t$ 简写为 $f(t)\mathrm{d}t$。

使用∫来计算长方形面积相加之和

我要怎么表示“ t =从 a 至 b 累计”呢？按照原样写上去吗？

“t=从 a 至 b 累计”可以缩写为 $\int_a^b$ 。

天啊！这又是我听都没听到过的符号！但是，不知道为什么，我觉得它看起来还挺可爱的。(笑)

这个符号看起来弯弯曲曲的，好像“花园鳗[①]”似的。（笑）因此，我们称它为“chinanago[②]”……我是开玩笑的，其实应该是“integral”（积分）。

咦? integral? !

是的，是integral。但是，如果仔细看，你就会发现这种花园鳗形状的符号有点儿像S，是吧?

是的，很像!

S可以看成summation这个单词的首字母，而summation这个词有“和”的意思。人们最开始时用的是S，后来逐渐将S拉伸成“∫”。因此，当“∫”出现后，可以理解为“相加求和”。那么，惠理，现在你明白$\int_a^b$所代表的含义了吗?

是“求从 a 至 b 累计”的意思吗?

回答正确!

① 花园鳗，是康吉鳗科异康吉鳗属的一种鱼类。

② 花园鳗的日文名字。

$\int_a^b$ ➡ **表示“从 a 至 b 累计”的意思**

如果对上述内容进行总结，我们就会发现，此前我们一直觉得非常复杂的图形的面积，可以归纳为下述公式：

$$\text{距离（面积）} = \int_a^b f(t)\,\mathrm{d}t$$

我明白了！那些貌似天书的符号，在经过老师用简洁的语言说明后，也可以变得通俗易懂啊！

积分的起源是这样的

拥有2 000年以上历史的积分

到目前为止，我们学习了许多关于积分的知识。实际上，从起源来看，积分有非常悠久的历史。

什么？我还以为积分是近代才出现的。那么，我想请教一下，积分究竟起源于什么时代呢？

据说积分的思想起源于古埃及时代。

真的吗？古埃及？！那是埃及艳后[①]登上舞台的时代吗？

---

① 克娄巴特拉七世是埃及托勒密王朝最后一位女王，被称为“埃及艳后”。她才貌出众，聪颖机智，一生富有戏剧性。她同恺撒、安东尼关系密切，并有种种传闻轶事，因此成为文学和艺术作品中的著名人物。

关于这一点，我不是非常了解。古埃及时代是一个历史跨度很长的时期，从公元前3000年开始一直到公元前30年，都属于这个范畴，“埃及艳后”也生活在那段时期。因此，在她生活的时代，人们已经会使用积分的思想解决问题了。

一想到那是“埃及艳后”这样的绝色佳人生活的时代，我就对积分感到非常亲切！

那就好！古埃及的人们备受尼罗河的恩惠，发展出了高度发达的文明，取得了举世瞩目的成就。但是，有一个烦恼一直困扰着人们，挥之不去……

究竟是什么烦恼啊？是捕不到鱼之类的吗？

积分的产生源于生活实践

那就是洪水。尼罗河流域经常洪水泛滥，淹没居民区，导致土地变得不规整，无法恢复原貌，人们深受其扰，苦不堪言。

这确实太痛苦了，我能够想象得到。但是，应该怎样做

才能让人们准确分配土地呢？一旦遭遇洪水侵袭，人们就无法分辨自己的土地的界线了。

你看问题的角度很好！因此，当时采用的方法是先测量面积，并将其设定为标准。在洪水退去后，人们按照这个标准来重新分配土地。

但是，由于河流往往是蜿蜒曲折的，因此计算土地面积非常麻烦。我明白了！积分就是在这种情况下应运而生的！

通过“穷尽法”求取面积

确实如此！在最开始时，就算大家都知道正方形和长方形面积的计算方法，却没人知道我们下面要学习的积分计算方法。因此，如后页图所示，那时的人们是借助长方形来求土地面积的。

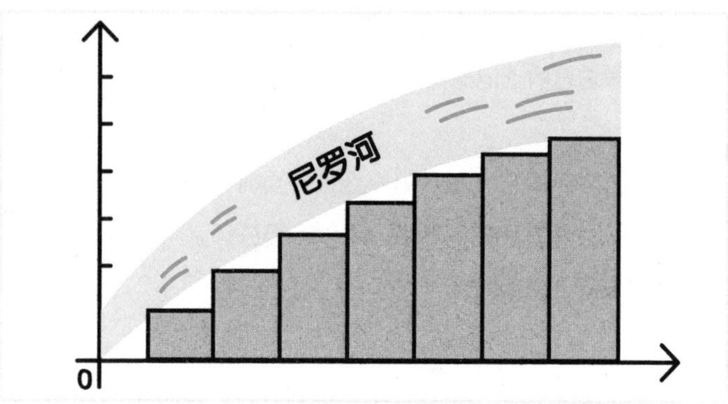

如下图所示，当时的人们是通过三角形和圆形等多种图形组合的方式计算间隙部分的面积的。这种计算方法被称为“穷尽法”。

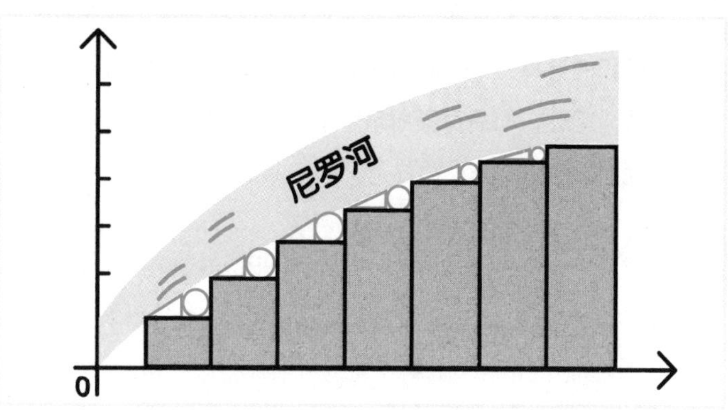

只要计算好面积，即使发洪水改变了地形，大家也可以确保自己拥有的土地不会受到影响，因此大家的心里就会感到踏实。

确实如此！真没想到当时的人们竟然花费了这么多心思。可以说，积分是源于现实生活的智慧结晶，真是令人赞叹不已！

这样看来，积分与我们的生活是紧密相关的。可以毫不夸张地说，我们刚刚学习了一种拥有2 000年以上悠久历史的计算方法，这是一件多么神奇的事啊！

怎么样？你是不是觉得这里面有很厚重的历史意义呢？

真是没想到啊！我竟然学习了历史这么悠久的知识……如果当时的人们能够穿越时空，看见现在的我们依然在学习微分和积分的知识，他们一定会感到万分欣慰！

是的！你可以想象一下，如果我们之间交流的内容能够一直流传到2 000年后的未来，那该是一件多么美妙的事情啊！

下面，我们来复习一下之前学习的内容，试着解决一些练习题！

积分的练习题①

试求$\int_0^t 4t\,dt$的值

啊，这也太难了吧！（尴尬）

这么快就投降了啊！（笑）

不要着急，我们先复习一下积分最初要表达的内容吧！

如下图所示，假设有一个纵轴表示速度（v）、横轴表示时间（t）的图形。当速度为5、时间为 t 时，距离＝速度×时间，因此，我们算出距离为 $5t$ 。由此，我们可以推出“距离＝面积”。

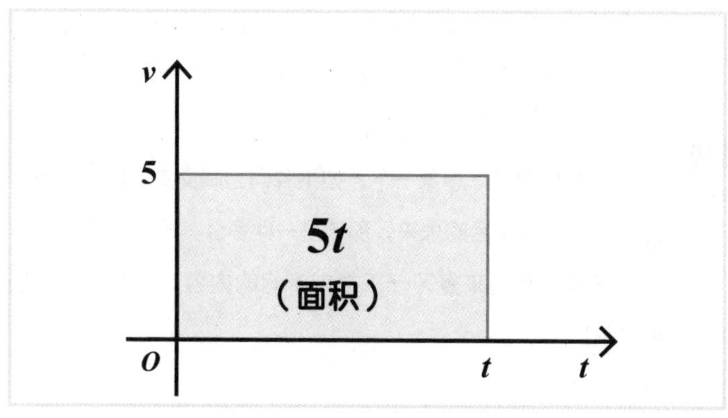

到这一步，你都明白吧？

是的！没问题。

那么，我们再来看另一幅图。那就是 $v=\frac{1}{2}t$ 对应的图形。

同样，假设纵轴表示速度、横轴表示时间。当时间位于图中 t 的位置时，对应的速度应该是多少呢？

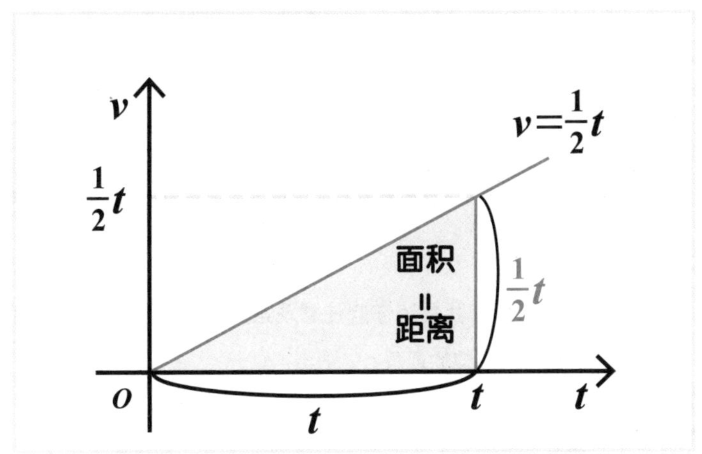

速度应该是 $\frac{1}{2}t$。

是的！那么，我们应该如何求面积呢？

我们可以通过底×高÷2来计算三角形的面积。

将数值代入公式，得到结果是 $\frac{1}{2}t\times t\div 2=\frac{1}{4}t^2$，对吗?

是的!

前面两幅图中的时间都是从 0 至 t 的，因此，我们可以使用刚才学过的积分符号，分别写出下面的算式对应两幅图。

$$\int_0^t 5\mathrm{d}t = 5t$$

$$\int_0^t \frac{1}{2}t\mathrm{d}t = \frac{1}{4}t^2$$

到这一步，我希望你能注意观察速度与面积的关系。有没有发现什么有趣的现象?

啊?

实际上，我们对距离进行微分得到的就是速度。在第一个问题中，距离为 $5t$ 时，速度为 5；在第二个问题中，距离为 $\frac{1}{4}t^2$ 时，速度为 $\frac{1}{2}t$，这都很好地证明了这一规律吧?

是的！这真是划时代的重大发现啊！

如果转换一下思路，在求 5 的积分时，我们可以将其看作是求“对哪个数进行微分后会得到 5”；在求 $\frac{1}{2}t$ 的积分时，我们可以将其看作是求“对哪个数进行微分后会得到 $\frac{1}{2}t$”。

这太神奇了，真令人感到不可思议啊……

不用着急下结论，我们一起来思考一下。你还记得吗？在第二部分中，我曾经说过，微分是“发现杂乱细微的变化”，积分是“累积杂乱细微的变化”。这样看来，微分和积分之间的这种关系也就没什么值得惊讶的了。也就是说，我们可以将积分看成是微分逆运算！

求积分时只需要反向求微分就可以了

啊？求积分真的就这么简单吗？

是啊！你可以实际做做试试。我们回过头来再看一下刚才的问题，$\int_0^t 4t\mathrm{d}t=$？如果用积分来求，应该怎么做？

如果是 $4t$ 的话，我当然能做出来。但是，现在多了个 dt，应该怎么做呢？

在这种情况下，我们姑且先不管 dt，只关注“$4t$”的部分。

好的，这样真的行吗？不过，既然您都说了，我就继续做下去了……

如果求 x^n 的微分，得到的结果应该是 nx^{n-1}。如果进行逆运算，由于 $4t$ 的 t 是一次方，也就是说，所求结果中的右侧的值就会变成 t^2。在求微分时，要想与落下来的 2 相乘后得到的结果是 4，则最终的结果就应该是 $2t^2$，对吧？具体如下面的算式所示：

$$\int_0^t 4t\mathrm{d}t = 2t^2$$

你太聪明了！完全正确！

谢天谢地，我终于答对了！

在计算时为什么可以“忽略”dt？

我们在计算时，为什么可以“忽略”dt 呢？

当然，在我们最开始学习积分时，作为长方形的宽，dt是具有重要意义的，并不是可有可无的。但是，在求长方形的面积之和时，宽是不会发生变化的，变化的只有长而已。

那么，可以说，与计算结果直接相关的是dt前面的数字，对吧？

是的。在积分的计算问题中，我们只需要关注下列算式中蓝线框起来的部分，就可以解决问题了。就目前的水平来看，你理解到这种程度就可以了！

$$\int_0^t \boxed{4t}\,dt$$

在刚开始的时候，你可能还不习惯，但是，你慢慢就会觉得没什么大不了的，根本不必感到恐惧。

积分的练习题②

试求$\int_0^t \frac{1}{3}t^2 dt$ 的值

什么？！竟然是分数，这真是太刺激了！

那就请惠理做做看吧！

通过上文，我们了解到，求解积分的话，只需要关注$\frac{1}{3}t^2$就可以了。因此，答案中与t相关的部分就变成了$t^{2+1}=t^3$。要想与落下来的3相乘后得到的结果是$\frac{1}{3}$，则前面的数字就应该是$\frac{1}{9}$……

由此，我们可以得到最终的答案是$\frac{1}{9}t^3$，对吧？

也就是说，$\int_0^t \frac{1}{3}t^2 dt = \frac{1}{9}t^3$

完全正确！整个过程都是惠理独自完成的，我几乎什么话都没说。（笑）

按照这种状态，我们可以直接挑战最后一关了！

积分的练习题③

试求$\int_0^t t^4 dt$的值

最后一关居然是四次方的问题啊！

首先，t的部分应该是t^5。然后，我们对前面附带的数字进行微分，要想与落下来的5相乘抵消后得到结果等于1，则前面的数字就应该是$\frac{1}{5}$。因此，最终的答案就是$\frac{1}{5}t^5$，对吧？

$$\int_0^t t^4 dt = \frac{1}{5}t^5$$

完全正确！

太好了！我终于做到了！

学到这里，惠理是否切实体会到积分计算本身其实是非常简单的，甚至连小学生都能轻松掌握呢？

微分和积分也暗藏在小学学习的数学知识中

内涵深邃的微积分的世界

到这里，我关于微积分授课的内容就告一段落了。惠理，你学了微分和积分后，有什么感触?

在听拓巳老师讲课之前，我完全搞不懂微分和积分是什么，没想到现在竟然能够独立解决问题了。说实话，我真的觉得这太不可思议了……

这么看来，我已经顺利地完成了自己的任务，对惠理施展了“一小时学懂微分和积分”的魔法。

哈哈，还真是这样！（笑）我太感谢拓巳老师了！

看来惠理觉得自己已经理解了微积分的本质。但是，我在本书中讲授的内容，只不过是管中窥豹，刚刚接触到内涵

深邃的微分和积分世界的入口而已！

哦？是这样吗？

是的，正因为如此，我们才要避免产生自满情绪。我希望惠理今后能够再接再厉，继续学习微积分等数学知识。我想，你在未来一定能够更加深入地体会到学习微积分和其他数学知识的乐趣。

在最开始的“课前准备”中，我曾经介绍过一些微积分在不同场合发挥作用的场景。但是，那些都只是停留在表面。对于现在的惠理，我觉得完全可以讲解一些更为深入的实例。

因此，在本书的最后，我想以更能激发惠理对数学热情的话题作为结尾，还请少安毋躁！

太感谢了，请多多关照！

实际上，在圆的计算中也暗藏着微积分的思想

实际上，在小学学习的数学知识中，也暗藏着微分和积分

的相关内容。

什么？！在小学学习的数学知识中存在着微分和积分相关的内容？我怎么一点儿印象都没有？您不是在开玩笑吧？

惠理，你还记得小学时学过的求圆的面积和周长的公式吗？

是“半径×圆周率”吗？

太遗憾了！错了一点儿！**圆的面积=半径×半径×圆周率；圆的周长=直径×圆周率。**

是的，是的！我想起来了！

既然如此，我们就结合符号来思考一下吧！如果用r来表示圆的半径、用π来表示圆周率，则圆的面积应该怎样表示呢？

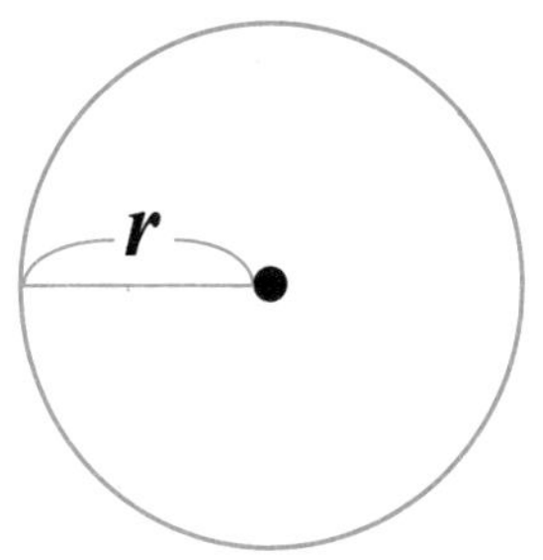

由于圆的面积＝半径×半径×圆周率，因此，计算圆的面积的公式可以写成 $r \times r \times \pi$，也就是 πr^2，这样对吗?

完全正确！那么，圆的周长又该怎么表示呢?

由于圆的周长＝直径×圆周率，因此，计算圆的周长的公式可以写成 $(r+r) \times \pi$，也就是 $2\pi r$，这样对吗?

是的！请务必牢记这些公式。假设这个圆是一块年轮蛋糕，惠理是一位想要把年轮蛋糕做得更大的糕点师，正准备多增加一层坯料。如果我们用 dr 来表示这层增加的坯料的宽，那么这里的d表示的是什么意思呢?

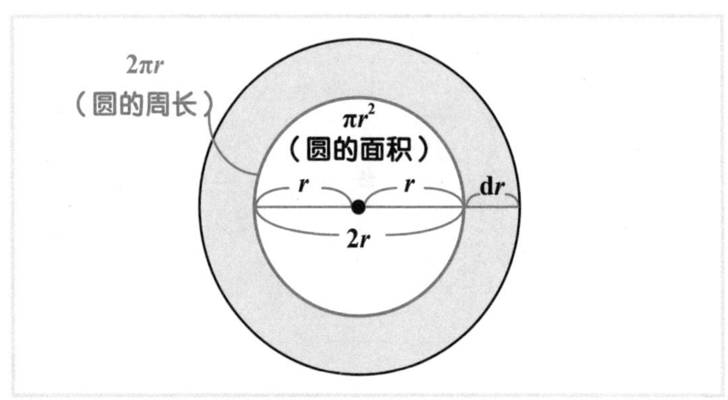

我想表示的是“变化值”。

是的！dr 表示的是 r 变化值。那么，如果想求增加的一层坯料的面积，我们应该怎样使用这个算式呢？

这个……

请你再回想一下加厚年轮蛋糕坯料层的流程，应该是在既有的坯料上再卷上一层坯料吧？试想一下，如果我们将卷上去的这层坯料展开，将会发生怎样的变化呢？

啊，没想到这竟然是一个长方形啊！它的长就是圆的周长$2\pi r$，宽就是增加层的厚度dr。

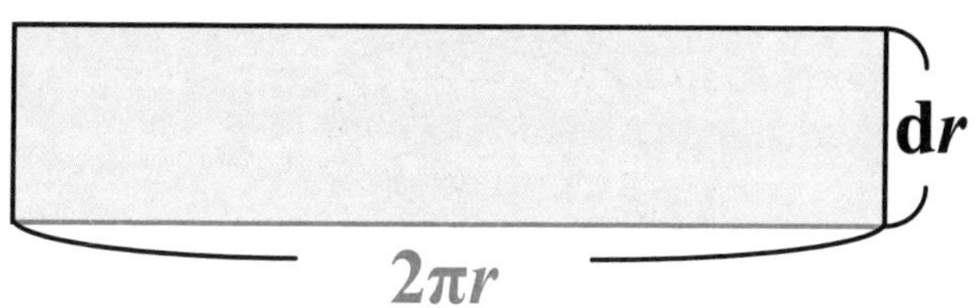

也就是说，由于面积＝长×宽，而长为$2\pi r$、宽为 $\mathrm{d}r$，因此，我们可以推得这部分的面积是 $2\pi r\times\mathrm{d}r=2\pi r\mathrm{d}r$！

完全正确！惠理，自从听到“年轮蛋糕”之后，你的眼睛都开始放出灿烂的光芒了！（笑）

从半径为 0 的位置开始相加得到的就是面积

下面，我从半径为0的位置开始不断地加厚蛋糕的坯料层。

实际上，真正的年轮蛋糕卷正中间是空心的。但是，为了资深“吃货”惠理着想，在这里我们假设举例所用的年轮蛋糕是实心的。

如果我们将增加的各层的面积相加，会出现什么结果呢？

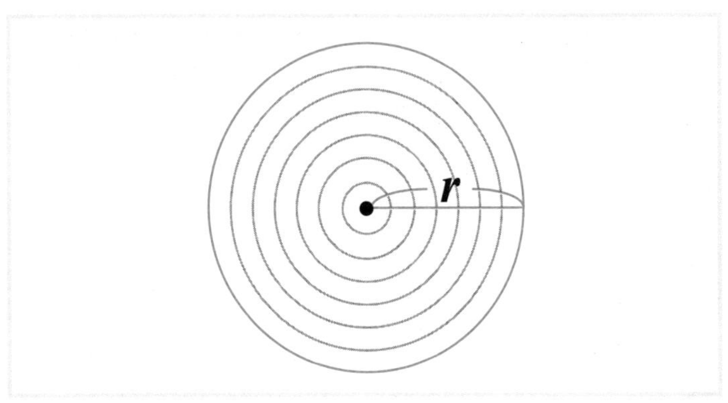

那就是整个年轮蛋糕的面积啊！

太聪明了！我们将它称为**圆的面积**。也就是说，从积分的视角来看，**“如果从半径0的位置开始至半径 r 的位置为止，将所有 $2\pi rdr$（年轮蛋糕坯料层）相加”，得到的结果就是圆的面积，**你觉得对吗？

确实是这样的！

如果使用符号 $\int$，应该如何表示呢？

由于从半径0的位置至半径 r 的位置相加，因此我得到了下面的算式，您看对吗？

$$\int_0^r 2\pi r dr$$

太厉害了！完全正确。

真不容易，我们来具体算一下吧！请思考一下积分的练习题②，你应该如何求 $\int_0^t \frac{1}{3}t^2 dt$ 的值呢？

哦，原来如此！只要想到积分的练习题②的情况，我就明白了。只要关注 dt 前面的 $\frac{1}{3}t^2$ 就行了，进行微分后，自然会得到这个算式。

就是这种感觉！

也就是说，我可以认为微分后得到的结果是 $2\pi r$。但是，应该怎样看待 π 呢？

由于 π 是常数，因此我们可以将它看作是3或5之类的普通数字。

什么？常数？

顾名思义，常数表示的就是“固定的数量与数字”，也就是**“固定的不会发生变化的数值”**，与定数相同。

确实如此！也就是说，答案就是 πr^2？

完全正确！惠理，你还记得圆的面积公式是什么吗？

πr^2！呀，竟然是相同的！

在球体的体积计算公式中也暗藏着微分和积分

除了圆的面积以外，在中学时学习的数学知识中，也暗藏着微分和积分相关的内容。

什么？还有其他例子？！

你还记得中学时学习的关于球体体积的计算方法吗？

我记不太清了，只有一些模糊的印象，有个口诀好像是“3下4上 π 半径立方”，这么看来应该是 $\frac{4}{3}\pi r^3$？

回答正确。顺便提一下，球的表面积为 $4\pi r^2$。我们可以试着用厚度为 $\mathrm{d}r$ 的薄皮将这个球包起来。

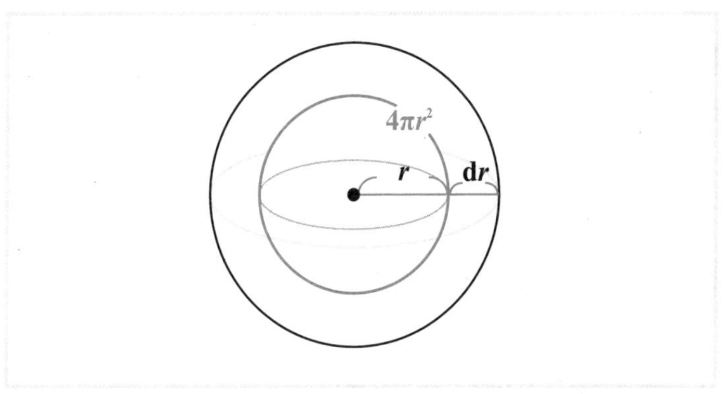

那么，我们应该如何来求这层薄皮的体积呢？

$\mathrm{d}r$ 相当于将薄皮展开时的高度，因此，我们得到的结果应该是 $4\pi r^2\times \mathrm{d}r=4\pi r^2\mathrm{d}r$，对吗？

你太聪明了！那么，这个球的体积又是多少呢？请你回想一下上文以年轮蛋糕为例进行思考时的情形。

从半径为0的位置开始至半径为 r 的位置为止，将所有 $4\pi r^2\mathrm{d}r$ 加在一起，由此可以得到 $\int_0^r 4\pi r^2\mathrm{d}r$ 。

如果对其进行积分，是什么结果？

太神奇了！得到的结果竟然是 $\frac{4}{3}\pi r^3$。

确实如此！也就是说，我们对球体的表面积进行积分后，得到的就是球体的体积。因此，球体体积的计算公式，实际上也暗藏着积分的思维。

真没想到，在上小学和中学的时候，我们已经不知不觉地接触到了积分相关的知识了！在我们的生活中，真是到处都隐藏着微分和积分的相关知识啊！

我今后一定会认真努力，继续学习包括微分和积分在内的数学知识！

我能从惠理的话中听出惠理坚定的决心，这真是让我无比欣慰啊！看来我的授课还是非常有意义的！

结　语

"In order to tell the truth，you have to lie."

这是一句我非常推崇的名言，如果直译的话，意思就是："为了说明真相，你不得不说谎。"这听起来是不是很矛盾呢？

实际上，在我讲授的课程中，我说了许多"谎言"。当然，从数学角度而言，这并不表示我毫无依据地信口开河，而是"为了表达想要传递的知识，精心选择，设法避免涉及晦涩难懂术语的内容"。

在第一次向小学生讲解减法运算时，恐怕没人会直接选择"2－5＝？"的式子作为例题。

我想大多数人都会从"3－1＝？"或"4－3＝？"之类的算式开始讲解，基本不会涉及结果为负数的例题。这也是一种"谎言"。

我在生活中信奉一个原则：与其把知识讲到100%但只有10%的内容能被人理解，还不如只把知识讲到50%但30%的内容能被人理解。因此，在工作时，我总是聚焦在50%左右的问题上，并为之全力以赴。本书的内容也遵循这一原则，并未追求面面俱到，而是紧紧盯着关键的50%的内容，力争不负读者朋友的信任与支持。

在此，我向读到最后的读者朋友致以衷心的谢意！愿我讲授的被理解的30%的微积分知识能够起到抛砖引玉的作用，激发大家学习微积分的兴趣和欲望，帮助大家开启探求剩余70%的微积分知识的学习之旅！若能如此，便是我最大的荣幸！

拓巴